Führen von unten

Cheffing – die Kunst, als Mitarbeiter den Chef zu lenken

Ulrich Grannemann

So nutzen Sie dieses Buch

Die folgenden Elemente erleichtern Ihnen die Orientierung im Buch:

Beispiele
In diesem Buch finden Sie zahlreiche Beispiele, die die geschilderten Sachverhalte veranschaulichen.

Definitionen
Hier werden Begriffe kurz und prägnant erklärt.

Die Merkkästen enthalten Empfehlungen und hilfreiche Tipps.

Inhalt

Vorwort

Wenn Ihnen Arbeit wichtig ist, dann ist Ihnen auch Ihr Chef wichtig

Wir holen unsere Selbstverwirklichung, unsere Bestätigung und viel von unserem Selbstwertgefühl aus der Arbeit. Und es ist der Chef, der über den Rahmen der Arbeit entscheidet. Dieser Rahmen kann weit sein und in die richtige Richtung zeigen. Er kann aber auch zu eng sein und in die falsche Richtung weisen.

Von daher könnte die Arbeit so schön sein, wenn es den Chef nicht gäbe. Er ist die ewige Spaßbremse. Er ist es, der verhindert, dass ich das tun kann, was ich gut finde. Er stoppt die guten Ideen, die ich habe und zwingt mich Dinge zu tun, in denen ich keinen Sinn erkennen kann.

Die Erkenntnis ist nicht neu: Mitarbeiter kommen wegen des Unternehmens, bleiben wegen der Aufgaben und gehen wegen dem Chef. Natürlich gibt es die Strategie, den Chef so lange zu wechseln, bis man den richtigen hat, aber sitzt man dann noch im richtigen Unternehmen? Haben Sie dann noch die richtigen Aufgaben?

Adenauer sagte: „Nehmen Sie die Menschen, wie sie sind, andere gibt's nicht." Vielleicht auch eine gute Einstellung gegenüber Chefs. Wir können darauf warten, dass er sich wie aus dem Nichts wie ein toller Chef benimmt. Wir können uns aber auch fragen, was wir tun können, um aus dem Chef, den wir haben, einen besseren zu machen. Unser Einfluss auf den Chef ist nicht unendlich. Wir haben keinen

Coachingauftrag ihm gegenüber. Nichtsdestotrotz ist unser Einfluss viel größer, als wir vielleicht denken.

Grund genug, sich Gedanken zu machen, wie wir den eigenen Chef besser führen können. Die Bedeutung von Cheffing ist umso wichtiger, je mehr Dinge sich verändern, neu sind und neu entschieden werden müssen. Jüngstes Beispiel ist die Pandemie Covid 19. Sie hat die Arbeitswelt und die Arbeitsbeziehung zum Chef verändert. Sie ist häufig virtueller, digitaler geworden. Wir müssen gezielter, effektiver und effizienter Einfluss nehmen.

Aber wie geht das? Hat die Kunst, seinen Chef zu lenken, etwas mit Magie zu tun oder besteht sie sogar darin, ihm eine Idee so zu vermitteln, dass er sie für seine eigene hält? Eine derartige „Ideenübertragung" ist sicherlich nie das Ergebnis eines einzigen Gesprächs, denn Ideen müssen reifen und brauchen ihre Zeit. Was nicht funktioniert, ist den Chef gezielt zu manipulieren. Doch es gibt funktionierende Formen der Beeinflussung. Es sind die Gesetze des Überzeugens und des Lenkens.

Wenn Sie unzufrieden mit Ihrem Chef sind, müssen Sie ihn verändern oder ihn verlassen.

Falls Sie etwas ändern möchten, kann Ihnen dieses Buch wertvolle Impulse liefern. Es ist so konzipiert, dass jede Einheit für sich lesbar und verständlich ist. Sie können dieses Buch überall aufschlagen und loslegen.

Wenn Sie es vorziehen, von vorn nach hinten zu lesen, finden Sie dieses Buch in vier Kapitel unterteilt. Es startet mit dem Blick auf die besondere Beziehung zwischen Mitarbeiter und Chef mit ihren Eigenheiten, Typologien und Mythen (Teil A). Es gibt zwei Wege den Chef zu lenken. Entweder ich überzeuge ihn von mir (Teil B: Vertrauen gewinnen) oder ich überzeuge ihn von meiner Idee oder einem Projekt (Teil C). Und – last but not least – was sollte ich nicht tun, wenn ich meinen Einfluss auf den Chef nicht zerstören möchte (Teil D: die Don'ts)

Um die schnelle Lesbarkeit zu erhöhen, werden bei personenspezifischen Substantiven und Pronomen die gewohnten männlichen Formen verwendet. Sie verstehen sich in diesem Buch als absolut genderneutral.

Ulrich Grannemann

A Die Mitarbeiter-Chef-Beziehung

A1 Cheffing: Die Kunst zu überzeugen

Es reicht nicht, eine gute Idee zu haben. Man muss sie auch gut präsentieren können. So ist es eben nicht immer die beste Idee, die nach oben kommt, sondern die Idee, die überzeugt, die gut präsentiert wird.

> *Beispiel*
> *Ein Schäferhundbesitzer liest in der Hundefachzeitschrift, dass Honig sehr gut für die Entwicklung von Schäferhunden sei. Er nimmt sich einen Löffel mit Honig, klemmt den Kopf des Schäferhundes zwischen seine Beine und versucht, ihm den Honig in das Maul zu drapieren. Der Hund knurrt, reißt sich los und verschwindet. Mit dem Satz: „Blöder Honig", wirft der Hundebesitzer den Löffel in die Ecke. Doch keine halbe Minute später hört er das Schlecken seines Hundes am Honiglöffel. Es war nicht der Honig. Es war die Art und Weise der Verabreichung.*

Es liegt häufig nicht an der Idee. Es ist die Art und Weise der Präsentation.

Es beginnt schon damit, dass eine Idee, die für den Chef kein Problem löst, ins Leere läuft. Ohne Problem keine Lösung. Eine alte Verkäufer-Weisheit besagt, dass man erst ein „Problemloch graben muss", dann eine Sonne für die helle positive Zukunft malen soll und erst dann darfst du zeigen, was du zu verkaufen hast. Das ist weder Manipulation noch Magie und auch kein Trick. Es ist die Wirkung von einfachen sozialpsychologischen Gesetzen, die ich Ihnen nachfolgend zusammengetragen habe.

A2 Chef und Mitarbeiter – eine asymmetrische Beziehung

Was ist das Besondere in der Beziehung zwischen Ihnen und Ihrem Chef? Es ist die Asymmetrie. Wenn die Einigkeit endet, dann sticht der „Ober" den „Unter". Der Chef sitzt am längeren Hebel. Er hat vom Unternehmen den Auftrag, Unternehmensziele zu erreichen und dafür zu sorgen, dass Sie Ihren Arbeitsvertrag einhalten. Er hat dafür Sorge zu tragen, dass das, was Sie tun, Geld einbringt. Und er bekommt Ärger, wenn er diese Aufgabe nicht erfüllt.

Das heißt, ich bekomme meine Ziele nur dann erreicht, wenn ich sie mit meinem Chef erreiche und nicht gegen ihn. Alles andere sind „U-Boot-Projekte", die unter der Oberfläche entstehen, aber häufig nicht das Licht der Welt erblicken oder wenn, dann nur sehr kurz auftauchen.

„Das Komitee ist eine Sackgasse, in die Ideen hineingelockt und dann in Ruhe erdrosselt werden."

Abraham Lincoln

Jede Ihrer Ideen verursacht potenziell Arbeit und steht in Konkurrenz zu den Ideen Ihres Chefs. Viele Chefs returnieren jeden Vorschlag mit Ablehnung. Es sei denn, sie lösen ihm ein Problem.

Eine Lösung ohne Problem ist genauso schädlich wie ein Problem ohne Lösung.

A3 Ist Ihr Chef überhaupt führ- oder lenkbar?

Es gibt zwei Fälle, in denen alle Cheffing-Fähigkeiten „für die Katz sind". Dann können Sie dieses Buch zwar weiterlesen, aber eher unter dem Aspekt, dass Sie mittelfristig einen neuen Chef brauchen.

Schwierig wird es dann, wenn Ihr Chef sein Chefsein darüber definiert, dass er immer recht hat, dass er alles kann und alles richtig macht. Er wird sich nicht lenken lassen, er braucht Sie nicht. Entweder haben Sie dann einen psychopathischen Narzissten zum Chef oder jemanden, der so schwach ist, dass er jedes Nicht-Perfekt-Sein als Schwäche interpretiert. Verschiedene Ursachen, das Ergebnis ist das gleiche.

Schwierig wird es auch, wenn Ihr Chef diametral andere Ziele verfolgt als Sie und er Ihre Leistungen nicht als Ergänzung interpretieren kann. Sie wollen Innovation, Ihr Chef kurzfristige Deckungsbeiträge. Sie haben den Kunden im Blick, Ihr Chef nur die eigenen Chefs.

Wenn der Chef andere Sachen sieht, als man selbst, trifft er andere Entscheidungen, die Sie nicht verstehen. Und weil er Ihre Sicht nicht kennt, wird er Sie nicht verstehen.

Manchmal ist es besser, sich zu verändern als zu versuchen, den Chef zu verändern.

A4 Zwei typische Fehler: Zu viel „heiße Luft" oder zu viele Details

Hätte ich für dieses Thema nur zwei Seiten zur Verfügung und müsste überlegen, was ich auf diesen Seiten bringe, dann wäre es mit Sicherheit die „Cheffing-Pyramide". Sie macht auf einen Blick zwei typische Fehler in der Führung nach oben deutlich.

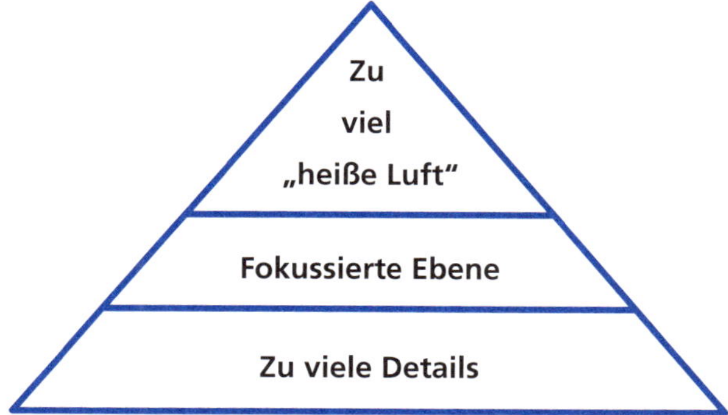

In der mittleren Ebene erreichen wir unsere Chefs, in der unteren und oberen eher nicht.

In der oberen, der allgemeinen Ebene finden wir Aussagen und Fragen, die zu generisch, zu abstrakt, heiße Luft oder, wie die Amerikaner sagen würden, zu „fluffig" sind. Sie nerven Chefs, weil sie nicht zu beantworten sind.

Ebenso wenig lassen sich Aussagen auf der detaillierten Ebene beantworten, weil es hier um Ausarbeitungen, Folien und Kommunikationsinhalte mit viel zu viel Details geht. Nur die mittlere, die fokussierte Ebene erreicht den Chef.

Vermeiden Sie Aussagen und Fragen wie

- „Das geht nicht."
- „Ich kann das nicht."
- „Was ist denn jetzt wichtig?"
- „Was hat denn jetzt Priorität?"
- „Was soll ich denn jetzt machen?"
- „Da weiß ich auch nicht weiter."
- „Das wird so nie funktionieren."

Diese Aussagen sind zu unspezifisch. Vermeiden Sie auch allgemeine Fragen zum Feedback wie „Was sind denn meine Stärken?" All diese Äußerungen sind im Grunde Killerphrasen, die ein Gespräch abwürgen. Sie „killen" das Gespräch, weil sie in die Sackgasse führen. Aussagen sind wie Fußballpässe. Gute Pässe lassen sich gut annehmen und weiterspielen. Diese Aussagen sind Vorlagen, die ins Leere gehen oder einfach nur schwer anzunehmen und weiter zu spielen sind. Chefs reagieren auf Killerphrasen schnell mit Killerphrasen.

Stellen Sie Fragen und machen Sie Aussagen, die vom Chef leicht zu beantworten und gut zu verarbeiten sind.

A5 Viel hilft viel? Vermeiden Sie ein „to much" an Informationen

Was sich in der Spitze der Cheffing-Pyramide als „zu wenig an Information" beschreiben lässt, ist im unteren Teil das „to much an Information".

Auch ein Zuviel an Information hinterlässt einen ratlosen Chef. Er geht unter in einer Flut aus Zahlen, Daten und Fakten. Die Absicht, viele Informationen zu geben, ist klar. Wir wollen zeigen, dass wir fleißig sind, zeigen, dass wir das Thema durchdrungen haben. Wir wollen den Chef mitnehmen auf dem Weg unserer Gedanken. Das geht häufig nach hinten los, wenn Ihr Chef zu wenig Zeit und/oder zu wenig Ahnung hat.

Positive Absichten haben nicht selten negative Wirkungen. Chefs mit eher schwachem Selbstwertgefühl könnten auf den Gedanken kommen, dass der Mitarbeiter die Absicht hat, ihm zu zeigen, dass er im Grunde keine Ahnung hat. Was ja auch stimmen mag. Das lässt sich aber niemand gerne sagen. Im persönlichen Umgang äußert sich die detaillierte Ebene durch langes Ausholen, nicht auf den Punkt kommen, so dass sich der Chef fragt, worauf der Mitarbeiter denn hinaus möchte. Sie machen schnell den Eindruck, dass Sie nicht auf den Punkt kommen, dass Sie das Thema eben nicht durchdrungen haben.

Auf der untersten, der detaillierten Ebene beginnen Präsentationen häufig mit Folien, die bis zum Rand voll sind mit Informationen. Die Steigerung davon ist, diese Details auch noch ohne Struktur aneinander zu reihen.

Die Ebene, auf der Sie Ihren Chef erreichen und überzeugen können, ist die mittlere Ebene. Diese Ebene ist so konkret, dass Chefs die Situation begreifen und wissen, worum es geht. Sie ist aber auch so komprimiert und zusammengefasst und vorbereitet, dass man sich nicht in Details verliert.

Das geht zwar nicht immer, aber im Grunde ist die Urform dieser Entscheidungsvorlagen ganz einfach: Es gibt drei Möglichkeiten: A, B oder C und zu den Vor- und Nachteilen gibt es folgendes zu sagen: Wir empfehlen B. Bitte ankreuzen.

Diese Form der Präsentation kennt man auch unter einer eher satirischen Abkürzung: Präsentationen müssen „kuv" sein: „kindergarten- und vorstandsgeeignet".

Stellen Sie sich immer wieder gedanklich in die Fußstapfen des Chefs. Wie käme dieser Satz, diese Aussage bei mir an? Brächte mich das in einen guten, aktiven Zustand? Oder in einen schlechten, ohnmächtigen?

A6 Welche Art von Chef haben Sie? Vier Typen und viele Mischungen

Wie wirksam die einzelnen Überzeugungsmuster sind, hängt vom Cheftypus ab. Es gibt mindestens so viele Chef-Typen, wie es Persönlichkeiten gibt und es gibt auch mindestens so viele Chef-Typologien wie es Persönlichkeitsmodelle gibt.

Da sind die ängstlichen, die depressiven, die übervorsichtigen, die manischen, dominanten, narzisstischen, die überforderten und unterforderten Chefs. Haben Sie einen neuen oder erfahrenen Chef? Einen autoritären oder kooperativen? Dann gibt es noch die Laisser-faire-Chefs, die Führung als Dienstleistung sehen (Servant Leadership), die sich als beratende Coaches fühlen oder die, die gar nicht führen. Die, die mehr Wert auf Distanz und andere, die mehr Wert auf Nähe legen. Die, die mehr auf Stabilität oder mehr auf Wandel und Innovation setzen. Die, die direkt kommunizieren oder lieber indirekt. Chefs, die zu viel (over demanding) oder zu wenig fordern (under demanding). Chefs, die gern auf Richtlinien und Verfahren zurückgreifen oder solche, die lieber alles im Team oder unter vier Augen klären wollen. Die, die schnell was sagen und nichts anbrennen lassen, und die, die Schwierigkeiten haben, überhaupt etwas zu sagen, lieber alles für sich behalten und Gedankenlesen vom Mitarbeiter verlangen. Manche lassen große Spielräume zu, andere eher kleine. Es gibt die Chefs, die immer zu viel und zu schnell kontrollieren und die, die es nie tun. Es gibt Chefs, die mehr zuhören, es gibt aber auch visuell veranlagte Chefs oder diejenigen, die auf das Ansprechen von Gefühlen reagieren. Manche stehen auf bestimmte Tools und man kann bei ihnen schon deshalb überzeugen, weil man genau dieses Werkzeug benutzt. Das kann Kanban sein, Outlook oder ein anderes Organisationsmanagement-System.

Haben Sie Ihren Chef erkannt? Welche fünf Punkte beschreiben ihn am besten?

Der Rheinländer sagt dazu: „Jeder Jeck ist anders."

Manchmal können Typologien bei der ersten Einordnung helfen. Und wenn es eine Typologie gibt, die schnell einen starken Erkenntnisgewinn bringt, dann ist es das Vier-Farben-Modell.

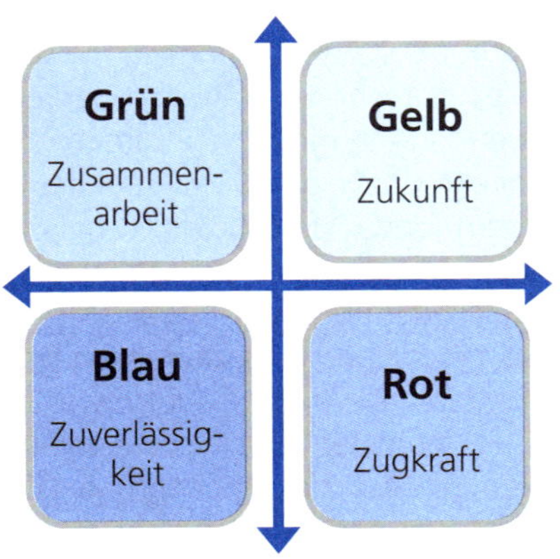

Zugkraft: Der rote Typus

Er ist energiereich, überwindet Widerstände, wird häufig als dominant wahrgenommen, ist ungeduldig, präsent. Den größten Einfluss haben Sie auf ihn, wenn Sie ihm schnelle Erfolge liefern. Sie fallen aber ebenso schnell in Ungnade, wenn Ihnen das nicht gelingt. Ihr Einfluss wächst, je mehr Ihr Chef versteht, dass Sie Probleme wegschaffen. Der beliebteste Mitarbeiter macht für ihn alles möglich. Nach der Devise „fire and forget", Auftrag abfeuern und nichts mehr davon hören.

Der rote Typ ist vergleichbar mit einem Jäger, mit einem Mammut-Erleger. Wenn er sich seiner Richtung beim Jagen nicht sicher ist, ist er offen für das Lenken durch seine Mitarbeiter (auch, wenn es ihm sehr schwerfallen dürfte, dies zuzugeben).

Der Rote ist vor allem durch diejenigen lenkbar, die komplementär zu seiner Persönlichkeit sind. Also jenen, die ihn ausgleichen, die ihm das bringen, was ihm fehlt. Sie haben einen riesigen Einfluss auf ihn. Auch Steve Jobs, ein typischer Vertreter dieses Typus, hatte solche Weggefährten, die ihn sein ganzes Leben lang begleitet haben, weil sie genau diese Grundfähigkeiten mitbrachten.

Zuverlässigkeit: Der blaue Typus

Blau steht für Vernunft, für Rationalität, Durchdringung, Logik, hohe Fachlichkeit, Genauigkeit, für genau den richtigen Weg und gute, genaue Pläne. Der Blaue durchdringt die Themenbereiche in der Regel am aktivsten, so ist der lenkbare Bereich, die fokussierte Ebene, wesentlich detailreicher als bei den anderen Cheftypen (siehe Kapitel A4). Das bedeutet, dass ich dem blauen Typus viel mehr Details und Gutachter-Stil zumuten kann.

Ich habe als Mitarbeiter dann Einfluss, wenn ich ihm helfe, Fehler zu vermeiden, ihm die Sicherheit gebe, dass keine Fehler passieren, wenn ich ihm eine hohe Qualität, Glaubwürdigkeit, Stabilität und Sicherheit liefere. Hier überzeuge ich, wenn ich Pläne habe, die im Detail einzelne Schritte festlegen und deutlich machen. Eine Zeichnung, einen Plan, eine Präsentation, ein Projekt-Ablauf-Chart usw. Oder, wenn dieser blaue Typus ein „Excelianer" ist, haben Sie schon deshalb gewonnen, weil Sie einen Zusammenhang mit Excel darstellen. Der blaue Typus ist mit guten Geschichten und Stories zu begeistern, aber er ist auch der erste, der nachfragt, wie man da am besten und schnellsten hinkommt.

Beispiel
Als Marketing-Mitarbeiter habe ich natürlich meine eigene Art, Ideen, Kampagnen und Projekte darzustellen. Meinen Chef habe ich mit dieser Art der Darstellungen leider nur unbefriedigend erreicht, bis mir ein Kollege mitteilte, dass mein Chef ein großer Freund von Excel-Tabellen ist. Und genau diese Darstellung habe ich dann auch gewählt, als ich ihm den gleichen Zusammenhang erneut vorgestellt habe. Dieses Mal also in Form einer Excel Tabelle, in der ich die verschiedenen Daten über einen Zeitablauf als Säulendiagramm dargestellt habe. Und fertig. Frei nach dem Motto „Tausendmal berührt, tausendmal ist nichts passiert". Doch mit dieser einen Excel-Datei standen plötzlich alle Ressourcen für dieses Projekt offen.

Zusammenarbeit: Der grüne Typus

Er ist die Führungskraft im eigentlichen Sinne. Er hängt weder an einer einzelnen Aufgabe noch an einem Projekt oder einer Idee. Sein Hauptfokus liegt auf den Menschen, auf den Mitarbeitern und wie es ihnen geht. Er ist zugänglich, freundlich, vielleicht sogar empathisch, ein guter Zuhörer.

Stellt man einem Roten seine Idee vor, fragt dieser sich nur: „Was hilft mir das bei meiner Jagd?" Der Blaue fragt: „Ist das richtig, wichtig und ist es auch umsetzbar?" Der Grüne aber fragt sofort: „Wen muss man überzeugen? Wen hast du schon auf deiner Seite?"

> *Beispiel*
> *Ich hatte anfangs große Schwierigkeiten, mit meinem Chef klar zu kommen. Bis ich erkannte, dass ihm vor allem gute Beziehungen wichtig sind. Konsequent habe ich ihm alle Konflikte vom Hals gehalten. Außerdem habe ich bei allen anstehenden Projekten darauf hingewiesen, wie stark die Mitarbeiter eingebunden werden und die Zusammenarbeit gefördert wird. Ich habe ihn in alle Teamentwicklungsprozesse und Maßnahmen eingebunden und so dafür gesorgt, dass er den Nutzen für alle erkennen kann. Dafür hatte ich freie Hand bei allen anderen Fragen.*

Zukunft: Der gelbe Typus

Der gelbe Typus steht für Ideen, für Innovation, für das Neue, die Begeisterungsfähigkeit, für das Brennen für neue Ideen und deren Entwicklung. Er kann gut begeistern, ist aber auch selbst sehr begeisterungsfähig. Der Gelbe ist daher auch leicht zu lenken. Dafür braucht es nur eine gute neue Idee. Die Frage an dieser Stelle ist, wie lange hält diese Begeisterung und Energie an? Wie stark ist die Nachhaltigkeit, die Mittel- und Langstreckenfähigkeit von Ideen und Projekten? Er ist ein Meister, komplexe Sachverhalte in eine Geschichte, in eine Story zu verpacken, die wiederum andere überzeugen kann. Und genau auf diese Weise lässt er sich am stärksten von allen Typen von der Story beeinflussen und lenken.

Sie erreichen am besten Einfluss, wenn es Ihnen gelingt, die Ideen und Richtungen Ihres Chefs mit zu tragen. Es geht hier nicht um Lobhudelei, aber der Gelbe braucht Mitstreiter, die ihm zeigen und sagen können, wie gut seine Idee ist. Gelbe Typen können schnell narzisstische Züge bekommen, mit allen Vor- und Nachteilen, die das haben kann.

A7 Wie schätzt mich mein Chef ein?

Um den Status, den Sie bei Ihrem Chef haben, abschätzen zu können, möchte ich zwei wichtige Kriterien herausgreifen:

Das erste Kriterium ist die Kontaktintensität. Wie oft sprechen Sie mit Ihrem Chef? Häufig? Finden Sie immer sofort ein Thema? Kommt Ihr Chef häufig auf Sie zu oder eher wenig? Ist es eher schwierig, einen Termin zu bekommen oder klappt das sogar nur in Ausnahmefällen?

Wenn ich einen Chef von meiner Sicht der Dinge, meinen Zielen und Ideen überzeugen möchte, muss ich ihn erst erreichen. Ohne Zeit für Kommunikation gibt es keine Beeinflussung; ohne Beeinflussung keine Überzeugung.

Je mehr Regeltermine Sie mit Ihrem Chef vereinbaren können, umso besser.

Es gibt ein untrügliches Zeichen für Ihre Chef-Beziehung: Qualität und Quantität der Termine, die Sie mit Ihrem Chef haben.

A8 Von Lieblingen, Mäusen und Verdrängten. Wie ist meine Beziehung zum Chef?

Das zweite Kriterium für Ihren Status beim Chef ist die Übereinstimmung, die Sie mit Ihrem Chef haben. Sind Sie meistens einer Meinung oder ist es eher die Ausnahme, dass Sie der gleichen Auffassung sind wie Ihr Chef? Natürlich kommt Ihnen sofort der Gedanke, dass es ganz darauf ankommt. Dann grenzen Sie ein. Welche Themen sind Ihnen wichtig und sind Sie bezüglich dieser Themen mehr im Dissens oder Konsens?

Es gibt viele Kriterien, die die Beziehung zu Ihrem Chef ausmachen und entscheiden, ob Sie zu seinen Lieblingen, den stillen Mäusen oder den Verdrängten gehören, aber es sind diese beiden Kriterien, die besondere Bedeutung haben:

- die Kontaktintensität, das heißt die Anzahl und Qualität der Kontakte und
- der Grad an Dissens (Nichtübereinstimmung) zwischen Ihnen und Ihrem Chef.

Mitarbeiter-Matrix

Quantität und Qualität der Kontakte	Grad an Dissens	
	Konsens	**Dissens**
hoch	**„Lieblinge"** Hohe Kontaktintensität/ Nähe, Dissens-Grad eher gering Sie bekommen alles mit. Ihr Chef bespricht alles Wichtige mit Ihnen. Als Liebling haben Sie die meisten Informationen und in der Regel auch die meisten Aufgaben.	**„Reibende"** Hohe Kontaktintensität/ Nähe, Dissens-Grad eher hoch Beste Position. Viele Kontakte und Sie können ihm Tipps geben und korrigieren. Vergewissern Sie sich regelmäßig, ob Ihre Offenheit wirklich in Ordnung ist.
gering	**„Mäuse"** Geringe Kontaktintensität/ Nähe, Dissens-Grad eher gering Sie haben keine Konflikte, bekommen aber auch nicht viel mit. Sie machen still und unauffällig Ihre Arbeit, vermeiden Aufmerksamkeit, grüßen freundlich und verschwinden wieder in Ihrem Büro.	**„Verdrängte"** Geringe Kontaktintensität/ Nähe, Dissens-Grad eher hoch Die Beziehung ist kaputt, Kontakt wird vermieden. Ein gut organisierter Burgfriede kann unter Umständen lange andauern. Aber die nächste Reorganisation kommt bestimmt.

A9 In guten Zeiten vorsorgen – der Mitarbeiterlebenszyklus

Die trügerische Anfangsblase

Nicht nur Produkte und Märkte haben einen Lebenszyklus, sondern auch Mitarbeiter bei Ihren Chefs. Der Mensch ist ein „Homo ludens" (der spielende Mensch). Auch die Chefs bleiben Kinder. Und wie Kinder haben sie immer ihre Lieblingsspielzeuge. Das können Ideen, Projekte, aber auch Mitarbeiter sein. Als neuer Mitarbeiter sind wir nicht selten solch ein „Anfangsspielzeug" und stehen hoch in der Gunst des Chefs. So wie Spielzeuge langweilig werden können, so kann dieses Schicksal auch Mitarbeiter ereilen. Erst Vorschusslorbeeren und Begeisterung, dann Enttäuschung, Ernüchterung und vielleicht sogar in Ungnade fallen, in die Ecke gestellt werden oder verdrängt werden. Und wenn man dann noch zufällig im Weg steht, wird man schnell „entsorgt".

Lassen Sie sich also vom Beginner-Enthusiasmus nicht trügen, das kann schneller vorbeigehen, als man denkt.

Nutzen Sie die anfängliche Begeisterung, legen Sie langfristige Erwartungshorizonte an, dämpfen Sie die Hoffnung auf die schnellen Erfolge. Nutzen Sie diese Zeit und legen Sie ein langfristiges Rückgrat von Gesprächsterminen an, Jour fixe unter vier Augen mit Ihrem Chef. Das werden Sie vielleicht bitter brauchen, wenn die Dinge mal nicht so gut laufen. Dann benötigen Sie genau diese Zeiten, um zum Beispiel zu erfahren, was Sie besser machen können oder um herauszubekommen, was oder wer der nächste „Liebling" von Ihrem Chef ist.

Mitarbeiter-Lebenszyklus

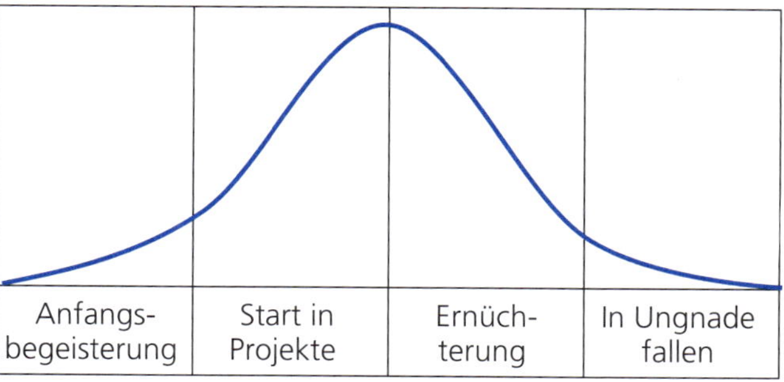

Der Mitarbeiter-Lebenszyklus verläuft umso schärfer und schneller, je dominanter und ungeduldiger der Chef ist, je mehr er ein Macher ist, je mehr es ihn nach Wandel, etwas Neues zu gestalten und Innovation dürstet. Ist Ihr Chef ungeduldig und machtvoll (rot) und ist er gleichzeitig innovativ und am Wandel interessiert (gelb), dann ist die Enttäuschung vorprogrammiert, wenn Sie in guten Zeiten nicht vorsorgen.

Sorgen Sie in guten Zeiten vor. Bauen Sie ein tragfähiges Termin-Rückgrat auf. Beugen Sie so für schlechte Zeiten vor, wenn Sie Gefahr laufen, die Gunst Ihres Chefs zu verlieren und Sie nicht in die Ecke der Verdrängten oder der Mäuse abrutschen möchten.

A10 Mythos: Radfahren – nach oben buckeln, nach unten treten

Chefmythen gibt es viele, doch was ist an ihnen dran? „Nach oben buckeln, nach unten treten.“, „Am besten kommt man auf der Schleimspur voran.“ und zum Thema „A...kriechen“ gibt es Zitate und Büro-Sprüche zu Hauf. Natürlich gibt es Chefs, die zum Narzissmus neigen, und solche mit geringem Selbstwertgefühl, die sehr empfänglich für Lobhudelei sind, aber meistens erzielt man mit sehr allgemein gehaltenen Aussagen keine besonderen Erfolge:

- „Sie sind der beste Chef, den ich je hatte.“
- „Ich bin ja sooo froh, hier sein zu dürfen.“

Im Normalfall steigern Sie mit solchen Aussagen weder das Vertrauen Ihres Chefs in Sie, noch überzeugt es ihn von irgendetwas. Für Ihr Cheffing bringt das nichts. Bei manchen Cheftypen kann die Inkongruenz, das mitschwingende „Nicht-ehrlich-hinter-der-Aussage-stehen“ in dieser Form von Lobliedern sogar nach hinten losgehen.

Verwenden Sie besser Aussagen, hinter denen Sie auch stehen. Bedanken Sie sich.

- „Vielen Dank für das Vertrauen.“
- „Die Instruktionen haben mir sehr geholfen. Ich fühle mich gut vorbereitet.“

Lobhudelei und Schmeichelei können schnell schädlich sein. Alternative: Bedanken Sie sich!

A11 Mythos: Chefs werden genug gelobt

Chefs brauchen kein Lob? Es lässt sich weltweit keine Studie finden, die diesen Mythos belegen würde. Genauso wenig wie es eine Studie gibt, die besagt, dass Mitarbeiter sich zu viel gelobt fühlen.

Im Gegenteil, Chefs bekommen allgemein viel zu wenig Feedback und dazu gehört insbesondere auch positives Feedback. Jeder Mensch, also auch die Chefs, wendet sich verstärkt den Dingen zu, für die man Aufmerksamkeit bekommt. Jedes positive Feedback für konkretes Verhalten wird die Richtung verstärken.

Der Chef „lernt", welches Verhalten gut ankommt. Und ja, durch konkrete Feedbacks werden Chefs gelenkt!

Was für Kritik gilt, gilt auch für das Lob. Feedbacks werden durch Verallgemeinerungen verdorben. Es kommt auf die semantische Flughöhe an. Allgemeine Aussagen machen aus Lob leicht Lobhudelei, aus positivem Feedback Schmeichelei. Auch das Lob muss sich auf ganz konkretes Verhalten, auf eine konkrete Szene beziehen.

- „Vielen Dank, dass Sie eben den Kunden darauf hingewiesen haben, dass die Information aus der letzten Mail fehlte!"
- „Der Tipp, dass dieser Kunde diese schlechte Vorerfahrung gemacht hat, war sehr wichtig für mich."
- „Ich hätte diesen Punkt im Vertrag vermutlich übersehen."

Je konkreter umso besser. Benennen Sie konkrete Situationen und vermeiden Sie generalisierende Aussagen wie

- „Sie sind einfach ein loyaler Chef. Sie stehen immer hinter Ihren Leuten!"
- „Sie können gut delegieren."
- „Sie sind einfach ein guter Geschäftsführer!"

Jeder Jeck ist anders. Und auch jeder Chef ist anders. Menschen reagieren sehr unterschiedlich auf Feedback. Manche vermuten hinter jedem Lob eine versteckte Kritik oder, nicht weniger wahrscheinlich, eine verdeckte Absicht („der will doch jetzt bestimmt noch eine Gegenleistung von mir!").

Auch für das Lob gilt: Konkrete Situationen nennen statt Verallgemeinerung.

A12 Mythos: Mitarbeiter und Chefs sind gleich

Eine neue Kultur ist in die Unternehmen eingezogen. Autoritäre Chefs sterben aus. Es entstehen sich selbststeuernde Teams, Tribes und Squads statt Abteilungen. Aus Chefs werden SCRUM-Master und Productowner. Wir werden in den Unternehmen nicht schnell und beweglich genug sein, wenn sich die Handlungsspielräume nicht ausweiten. Insbesondere, wenn Arbeit digitaler, agiler und virtueller wird, wie man in der derzeitigen Corona-Situation deutlich sehen kann.

Man duzt sich. Krawatten sind out. Aber Vorsicht! Nicht überall, wo „auf Augenhöhe" draufsteht, ist auch „auf Augenhöhe" drin. Viele der neuen Chefs kennen schon mal die Verhaltensregeln, aber nicht bei allen ist die neue Welt auch schon im „Mindset" angekommen. Das automatische, regelmäßige Feedback von unten nach oben hat sich nicht flächendeckend durchsetzen können.

Feedback ist immer auch eine empfindliche Statusfrage. Wer darf wen kritisieren? Feedback ohne Erlaubnis geht schnell nach hinten los.

Nicht überall, wo „kollegialer Chef" draufsteht, ist es auch „kollegialer Chef".

A13 Mythos: Wer aneckt, verliert

„Mach bloß nicht den Mund auf." „Wer meckert, der fliegt." „Lass bloß immer deinen Kopf schön unten. Wenn du ihn zeigst, ist er schnell weg." Vermutlich kennt jeder einen ehemaligen Kollegen, bei dem man das In-Ungnade-Fallen mit der Offenheit des Mitarbeiters nach oben in Verbindung bringt. Es ist genau dieses Klima des Kritikverbots, das Tabu, nach oben Feedback zu geben, welches die Tyrannen, Narzissten und sonstigen schlechten Chefs gedeihen lässt. Die reine Vermutung, dass der eigene Chef schlecht damit umgehen könnte, reicht aus, eine riesige Feedback-Firewall entstehen zu lassen, das heißt, dass irgendwann keinerlei Feedback mehr nach oben durchkommt.

Dieser Mythos ist weit verbreitet. Und der Mythos stimmt! Jemand, der nicht aufhört zu meckern und anzuecken, wird entweder von allein gehen oder gegangen werden. Die Chefs mögen kritikfähiger und robuster sein, als man denkt, aber ein Meckern zum falschen Zeitpunkt und am falschen Ort und beim falschen Chef kann sehr wohl zu einem „EdeKa" (Ende der Karriere) führen.

Wie so oft hängt das alles von der Art und Weise der Verabreichung ab. Emotionen wie Ärger bringen mich dazu, etwas zu tun. Je mehr Ärger allerdings in meiner Kommunikation ist, umso spontaner, unüberlegter ist sie und umso weniger gelingt diese. Das Misslingen wird umso größer, je stärker die Emotion ist, das heißt je länger man seine Ärgerpunkte als „Rabattmarken" schon gesammelt hat.

Definition

Rabattmarken sind eine Metapher für Punkte, über die wir uns geärgert und die sich nicht erledigt haben. Der Ärger reichert sich an. Ärgerpunkt kommt zu Ärgerpunkt, bis irgendwann ein kritisches Maß überschritten wird und es zu einer „Entladung" kommt („Jetzt reicht es aber!"). Das Heft ist voll und wird „eingelöst". Auch wenn Mitarbeiter oder Chefs nett und freundlich sind, heißt das nicht, dass sie keine Rabattmarken geklebt haben. Auch Chefs scheuen das offene Wort und viele Mitarbeiter merken nicht, dass sie längst in „Ungnade" gefallen sind.

Wehret den Anfängen. Es wird umso schwieriger, je mehr Ärger sich ansammelt.

A14 Mythos: Wer nicht meckert, hat erst recht verloren

Wer still und leise vor sich hinarbeitet, wer nie etwas sagt oder seinen Kopf hebt, der wird auch nicht im positiven Sinne entdeckt. Nur gute Arbeit zu leisten, reicht halt nicht. Wer nichts sagt, kann auch nicht lenken. Eine wichtige Regel ist, dass wir jedem (fast) alles sagen können, solange wir die Erlaubnis dazu haben. Holen Sie sich diese Erlaubnis, bevor Sie diese überhaupt brauchen.

Gerade das Feedback an den Chef bedarf seiner echten Erlaubnis. Sonst befinden Sie sich schnell auf vermintem Terrain und ein oberflächliches Nicken auf die Frage „Darf ich Ihnen mal Feedback geben?" reicht da oft nicht aus.

Besser sind offene Fragen, die Ihren Chef zu einer klaren Aussage auffordern:

- „Eine ganz grundsätzliche Frage: Wie wollen wir es mit Kritik und Feedback halten?"
- „Legen Sie Wert auf Feedback? Und wenn ja, auf welche Art und Weise ist es Ihnen am liebsten?"
- „Wie halten Sie es mit Rückmeldungen?"
- oder mit Humor: „Bei meinem alten Chef hatte ich die Lizenz zum Meckern. Bekomme ich die bei Ihnen auch und in welcher Form hätten Sie es gerne?"

Holen Sie sich die Erlaubnis, die Lizenz zum Meckern.

B Vertrauen gewinnen

Cheffing kennt zwei Wege, den Chef zu lenken und den eigenen Einfluss auszubauen. Ich überzeuge meinen Chef von meiner Person oder von meiner Idee bzw. Vorhaben. Kapitel B stellt die Punkte zusammen, die helfen, meinen Chef für mich einzunehmen Was kann ich tun, um meinen Chef davon zu überzeugen, sich für mich einzusetzen?

B1 Wir werden nicht nach unseren Leistungen beurteilt

Wir werden nicht nach unseren Leistungen beurteilt, sondern danach, ob wir Erwartungen erfüllen! Es ist einer der schwerwiegendsten Fehler, die Erwartungen des eigenen Chefs nicht zu kennen. Oder die eigenen Erwartungen an uns selbst mit denen des Chefs an uns zu verwechseln.

Natürlich gehört es zu den zentralsten Aufgaben von Führungskräften, gut und genau zu delegieren. Die Führungsbücher sind voll von Akronymen wie SMART (spezifisch, messbar, akzeptiert, realistisch und terminiert) oder ähnlichen, die die Formulierung konkreter Erwartungen anmahnen. In der Praxis sieht das leider ganz anders aus. Dort findet man eher ein „Machen Sie mal!" oder „Sie machen das schon". Wenn es dann nicht richtig war, bekommt man vielleicht ein „Dann mach ich das eben selbst".

Delegieren ist mühsam und häufig sind es die Mitarbeiter selbst, die viel zu schnell bei der Detaillierung abwinken mit dem Hinweis „Ich weiß schon." Vielleicht, weil sie klug und erfahren rüberkommen möchten. Die Folge ist allerdings, dass Sie die Erwartungen Ihres Chefs nicht wirklich kennen und sich an den eigenen orientieren.

Einfluss bekommen Sie durch Vertrauen, Vertrauen durch Zuverlässigkeit. Und zuverlässig können Sie in den Augen Ihres Chefs nur dann sein, wenn Sie seine Erwartungen kennen.

Die Erwartungen des Chefs haben eben nichts damit zu tun, was wir persönlich als Leistung erachten. Leistung entsteht nicht bei uns, sondern bei denen, die sie erhalten. Viele Mitarbeiter scheitern nicht an ihrer Leistungsfähigkeit oder an ihrer fachlichen Kompetenz, sondern am Management ihrer Aufgaben.

Überspitzt könnte man formulieren: Wir werden nicht nach unseren Leistungen beurteilt, sondern danach, ob wir Erwartungen erfüllen.

Treffen Sie die Erwartungen Ihres Chefs

Damit Sie die Erwartungen Ihres Chefs treffen können, müssen Sie sie kennen. Wenn Sie nicht nachfragen, geht Ihr Chef davon aus, dass das, was er im Kopf hat, auch das ist, was Sie im Kopf haben. Wir alle, nicht nur Chefs, erliegen der sogenannten Verständnisillusion. Solange keine Gegenfragen oder Einwände kommen, gehen wir davon aus, dass der andere die gleichen Bilder und Vorstellungen im Kopf hat, wie wir selbst. In vielen Lebensbereichen können wir mit dieser Illusion mit all den Missverständnissen, die daraus erwachsen können, leben. Aber nicht, wenn es um Aufgaben und Aufträge geht, die über das Vertrauen meines Chefs in mich entscheiden. Das gilt weniger für bekannte Aufgaben in einer mehrjährigen Zusammenarbeit. Aber immer, wenn etwas neu ist, sollten wir uns die Mühe machen, den Auftrag zu präzisieren.

Machen Sie es Ihrem Chef leicht, seine Erwartungen zu äußern. Um die Erwartungen des Chefs kennenzulernen, brauchen Sie Fragen, die die wichtigsten Eckpunkte der Aufgabe erfassen.

- „Woran genau, an welchen Punkten kann ich erkennen, dass ich den Job gut gemacht habe?"
- „Worauf sollte ich besonderen Wert legen?"
- „Worauf kommt es Ihnen oder dem Kunden besonders an?"
- „An welchen Details, Symptomen erkenne ich das Erreichen des Ziels?"

Wer die Erwartungen des Chefs nicht kennt, kann ihn auch nicht lenken. Die Erwartungen des Chefs nicht zu kennen und sie nicht zu erfragen, ist einer der größten Fehler.

Bei wem liegt die Verantwortung für das Abgleichen der Erwartungen, das Erwartungsmanagement? Bei Ihnen oder beim Chef? Schwierige Frage, aber eines ist klar: Gedanken lesen können Chefs nicht. Im Grunde sind es vier Punkte einer Aufgabe, die Sie durch Fragen klären müssen.

Vier Punkte einer Aufgabe

Content	Woran genau erkenne ich, dass ich den Job gut gemacht habe? Was sind die Erfolgskriterien oder Zielerreichungserkennungsphänomene?
Kontext	Wozu ist das wichtig? Welchen Sinn, Nutzen, Wert hat diese Aufgabe? Wie ist sie eingebettet in die Gesamtstrategie?
Ressourcen	Was steht mir an Zeit, Geld, Informationen zur Verfügung? Auf welche anderen Kollegen kann ich zurückgreifen?
Regeln	Wann und in welchen Abständen schauen wir auf den Fortschritt? Welche Feedback- und Controllingpunkte gibt es? Wen frage ich um Rat oder Erlaubnis/Placet?

Warten Sie nicht darauf, dass Ihr Chef gut delegiert. Sorgen Sie selbst dafür. Mit Hilfe der Fragen zu Content, Kontext, Ressourcen und Regeln.

B2 Jung, dynamisch, erfolglos. Die unsichtbaren Fettnäpfchen

In der Regel ist der Chef derjenige, der die Kultur bestimmt. Was aber ist Kultur? Auf diese Frage gibt es eine pragmatische Antwort.

Definition

Kultur ist die Summe aller – meistens nicht niedergeschriebenen – Regeln, die beschreiben wie kommuniziert, informiert und entschieden wird. Kultur ist die Summe der K. I. E.-Regeln, der Kommunikations-, Informations- und Entscheidungsregeln.

Sie wollen zeigen, wie gut Sie sind, nehmen einen Auftrag an, machen ein Angebot, schicken es los, zeigen, wie selbstständig Sie sind, wie aktiv und dass Sie Ihre Entscheidungsspielräume zu nutzen wissen. Das kann gut gehen, wenn Sie wissen, dass das genau die Erwartungen Ihres Chefs erfüllt. Es gibt aber viele junge und ehrgeizige Mitarbeiter, die hier ins Fettnäpfchen treten.

Wenn Sie Glück haben, spricht Ihr Chef mit Ihnen darüber, welche Regeln Sie nicht eingehalten haben. Häufige Beispiele hierfür wären, wenn Sie ihn nicht um sein Einverständnis oder sein Veto gefragt haben, die Kollegen A und B nicht mit einbezogen und ihre Meinungen nicht eingeholt haben oder den Kollegen Y aus der anderen Abteilung nicht mit ins Boot genommen haben.

Weniger Glück haben Sie, wenn Sie nichts mehr gesagt bekommen. Die erfahrenen Kollegen, die Sie nicht um Rat gefragt haben, stellen die Zusammenarbeit mit Ihnen ein und

Ihr Chef denkt nicht mehr an Sie, wenn es darum geht, neue und interessante Projekte und Aufträge zu delegieren. Es wäre ein fataler Irrtum zu glauben, dass nichts geschwätzt genug gelobt sei. Es kann nämlich gut sein, dass Sie längst „die Ruhe des Abstellgleises“ genießen. Sie hören erst dann wieder von Ihrem Chef, und das kann durchaus Jahre dauern, wenn das Gleis anderweitig gebraucht wird (man braucht neue Strukturen, neue Mitarbeiter und eine neue Ausrichtung). Das stückweise Aufdecken dieser unsichtbaren Regeln ist vielleicht das A und O des Cheffings.

> ***Beispiel eines Modulleiters aus der Automobilbranche***
> *Die Mitarbeiterin, die mich mit Abstand am stärksten gelenkt und geführt hat, war Frau S. Sie gehörte nicht zu den einfachsten Mitarbeiterinnen und sie wurde auch nicht von allen geliebt, aber alle haben sehr gerne mit ihr zusammengearbeitet. Immer wenn etwas neu war, gab es eine Frage von ihr, die mich als Chef zum Nachdenken gebracht hat und mich nachhaltig geprägt hat. Ihre Frage: „Wie gehen wir damit um?“ Auf meine Gegenfrage „Was meinst du damit?“, führte sie weiter aus: „Geht es über meinen Tisch oder über deinen? Auf wen kann ich zurückgreifen? Wie willst du informiert werden? Gibt es bestimmte Punkte, bei denen du dein Veto einlegen möchtest? Gibt es jemanden, den ich um Rat fragen sollte?“*

B3 Das Grundgerüst der Entscheidungs- und Kommunikationsregeln

Das Grundgerüst ist ganz einfach. In der Regel haben wir es mit mindestens drei Menschen zu tun, mit einem Kunden (intern oder extern), mit einer Kollegin oder einem Kollegen (dessen Input oder Hilfe ich brauche) und mit dem Chef (der den Rahmen festlegt).

Die Zusammenarbeit mit diesen Personen wird geprägt durch einen Satz von Regeln, die sich über Wochen und Monate und durch viele Transaktionen entwickeln und verändern. Wenn Sie und Ihr Chef die gleichen Regeln im Kopf haben, ist alles gut. Die meisten Konflikte entstehen nicht bei Routine- oder Standardaufgaben, sondern bei neuen Aufgaben und zeitlich begrenzten Projekten.

Man kann diese Regeln vereinbaren („Wie wollen wir damit umgehen?"), aber die meisten Regeln entstehen durch Aktion und Reaktion, durch Versuch und Irrtum. Sie schicken ohne Rücksprache ein Angebot an den Kunden heraus. Der Chef lobt oder sagt nichts, dann lernen wir, dass die reine Info an den Chef bei dieser Klasse von Angeboten in Ordnung ist. Diese Regel entsteht nicht, wenn der Chef sagt, dass das Angebot zwar in Ordnung war, aber er es besser fände, wenn er vorher noch mal darüber schauen könnte.

So entstehen im Grunde mit dem Regelwerk nicht nur eine, sondern mehrere Nahtlinien, die das Maß an Abstimmung markieren.

- 1. Nahtlinie: Ich entscheide allein und keinen interessiert es.
- 2. Nahtlinie: Ich entscheide und ich muss einen oder mehrere über diese Entscheidung informieren, weil es Einfluss auf deren Arbeit hat.

- 3. Nahtlinie: Es ist wichtig, sich beraten zu lassen und Rat zu holen von einer bis drei Personen („Wie würden Sie das machen? Was wissen Sie über den Kunden?")
- 4. Nahtlinie: Die härteste Regel ist das Veto-Recht. Wen muss ich um Placet fragen, bevor ein Angebot rausgeht oder bevor ich weitermachen kann? Bei Angeboten ab einer gewissen Summe brauche ich vielleicht die Unterschrift meines Chefs. Wann muss ich den Kunden fragen, bevor ich das Leistungsangebot verändern darf?

Auf der anderen Seite der Nahtlinie sieht es genauso aus. Da gibt es Veto-Rechte, die ich habe und Punkte, an denen der Kunde mich fragen muss, ob das so gemacht werden kann. Dann gibt es Vorgänge, bei denen ich verärgert wäre, wenn ich nicht um Rat gefragt werden würde. Punkte, bei denen ich zeitnah informiert werden möchte, aber auch Entscheidungen und Informationen, die mich gar nicht interessieren.

Stellen Sie die wichtigste Cheffing-Frage: „Wie gehen wir damit um?"

B4 Versanden lassen versus auf dem Laufenden halten

Manchmal sind Mitarbeiterfehler die Folge von Führungsfehlern. Wir alle haben schon erlebt, dass ein Chef erst eine Sache haben wollte und dann nie wieder danach gefragt hat. Das kann zu einer gefährlichen Haltung beim Mitarbeiter führen. „Erstmal abwarten, ob dem Chef das wirklich wichtig ist."

Natürlich gibt es Chefs, die einfach keinen Überblick darüber haben, welche Aufträge sie vergeben haben. Aber wir wissen nicht, welche Aufgabe er vergessen hat und welche nicht. Das kann böse ausgehen, wenn das Schweigen von Ihrer Seite als „erledigt" interpretiert wird.

> *Beispiel*
> *Ich hatte von einem interessanten Kunden erzählt, der Chef war ganz begeistert und sagte, dass es auch für ihn sehr interessant sei und dass er sich in dieses Projekt einbringen könnte.*
>
> *Der erste Kundenkontakt, den ich zunächst allein wahrgenommen habe, stellte sich jedoch als Sackgasse heraus. Denn meine Kontaktperson war selbst gar nicht entscheidungsfähig. Der nächste Termin mit meinem Chef, und so viele hatte ich damals bei meinem Chef nicht, hat mir den Vorwurf eingebracht, ich hätte ihn nicht informiert. Natürlich hatte ich darüber nachgedacht, ihn über die Aussichtslosigkeit dieses Kontakts zu informieren. Doch erst habe ich diese Aufgabe verdrängt, dann vergessen, dann wurde es mir unangenehm und irgendwann war es zu spät.*

Eigentlich wäre es keine große Sache gewesen, aber sie hat mich viel Einfluss bei meinem Chef gekostet.

Das ist ein Fehler aus dem Bereich: „Eigentlich weiß ich gar nicht, was mein Chef von mir erwartet." Hier geht es um die Abstimmung der K.I.E.-Regeln, der Kommunikations-, Informations- und Entscheidungsregeln, denn die Alternative zu „versanden lassen", ist nicht, den Chef bei jeder E-Mail in CC zu setzen und mit Informationen über alle Vorgänge zu nerven.

Die Alternative ist Vereinbarungen zu treffen über Meta-Regeln der Zusammenarbeit. Also statt nichts zu tun oder zu viel zu tun, lieber fragen: „Soll ich Sie auf dem Laufenden halten?", „Soll ich Sie informieren, sobald das was wird?", „Worüber möchten Sie in jedem Fall informiert werden?", „Ist es okay, wenn ich Sie bei dieser Angelegenheit in CC setze?"

Lieber einmal zu viel nach Informations- und Kommunikationsregeln fragen, als nichts zu tun oder Ihren Chef mit einer Informationsflut zu überfordern.

Es gibt einen Fall, der die Information an den Chef erzwingt. Wenn Sie merken, dass Sie nicht termingerecht fertig werden, ist eine rechtzeitige Information Pflicht. Wenn Sie das bei sich feststellen, steigen Sie sofort auf die Bremse und informieren Sie ihn so schnell wie möglich. Der Vertrauensschaden ist sonst enorm. Es ist nicht so schön, wenn man nicht fertig wird, aber es ist schlimmer, wenn keine Zeit mehr ist zu reparieren oder einen Plan B zu fahren.

Sprechen Sie eine „Gewinnwarnung" aus, wenn abzusehen ist, dass Sie nicht rechtzeitig fertig werden.

B5 Enteilen Sie Ihrem Chef nicht

Sie lieben Wasserfallprojekte? Alles vorplanen, für lange Zeit verschwinden und am Ende das perfekte Ergebnis abliefern?

Doch Vorsicht. Enteilen Sie Ihrem Chef nicht. Es könnte passieren, dass Sie in die völlig falsche Richtung laufen.

Je neuartiger eine Aufgabe ist, umso wichtiger wird ein kleinschrittiges, agiles Vorgehen: losgehen, nach einigen Schritten innehalten und nachfragen, ob die Richtung stimmt.

> *Beispiel*
> *Den größten Lenkungseinfluss auf mich hat meine Mitarbeiterin Frau A. Sie bekommt inzwischen alle wichtigen, aber dabei auch komplexen Projekte und Aufgaben von mir. Sie geht nicht einfach los, sondern schreibt: „Ich mache mal ein paar Entwürfe, um zu schauen, in welche Richtung das gehen kann, einverstanden?" Oder wenn es um Konzepte oder Angebote geht: „Nehmen wir dafür den Kunden X oder Y eher als Vorbild oder machen wir eine ganz neue Konzeption?" Während ich bei anderen Mitarbeitern immer ein mulmiges Gefühl habe, wenn Arbeiten abgeliefert werden, freue ich mich auf die Vorlagen von Frau A.*

Bei größeren Projekten kann es sinnvoll sein, mit dem Chef einen eigenen Modus abzusprechen: „In welcher Reihenfolge wollen wir über die Fortschritte schauen? Wie viele Punkte zur Zwischenkorrektur brauchen wir? In welchen Abständen? Wie oft wollen wir schauen, ob ich noch auf der richtigen Spur bin?"

Wasserfallmäßiges Abarbeiten von Aufgaben ist fahrlässig, für beide. Ich bin frustriert, wenn mein Chef sagt, dass es so überhaupt nicht gedacht war, obwohl ich so viel Schweiß, Mühe, Anstrengungen und Gedankenarbeit investiert habe. Und ich schicke den Chef in eine Zwickmühle, denn viele korrigieren nur ungern. Korrekturen demotivieren. Ich habe es meinem Chef zu schwer gemacht zu korrigieren und habe völlig an seinen Erwartungen vorbei gearbeitet. Gerade, wenn Sie in einem neuen Terrain unterwegs sind, halten Sie regelmäßigen Funkkontakt mit Ihrem Chef und fragen nach, ob Sie noch auf der Spur seiner Erwartungen sind.

Bevor Sie zu schnell zu weit vorpreschen, sollten Sie innehalten, Einverständnis einholen, den Chef wieder mit ins Boot nehmen und fragen: „Bin ich hier richtig unterwegs?"

B6 Die Feedbacklücke. Machen Sie es Ihrem Chef leicht, Ihnen Feedback zu geben

Natürlich lernen Chefs in jedem Führungsseminar etwas über die Bedeutung von Feedback. Die Praxis zeigt aber ein anderes Bild. So wurden Chefs gefragt, wie viel Prozent der Feedbacks, die sie eigentlich hätten geben müssen, nicht gegeben wurden. Die Antworten fingen an bei „60 Prozent" und hörten auf bei „90 Prozent".

Alle Chefs wissen, dass sie Feedback geben sollten, tun sich aber sehr schwer damit, es wirklich zu geben. Chefs wollen keinen Ärger, keine demotivierten Mitarbeiter. Und da sie oft nicht wissen, wie sie Feedback formulieren sollen, lassen es viele einfach sein.

Das bedeutet im Klartext, dass es eine enorm große Feedbacklücke zu unseren Leistungen und Verhalten gibt bzw. über die wir gar nichts erfahren. Doch auch wenn wir kein Feedback bekommen haben, gehen diese Punkte sehr wohl in die Bewertung über uns als Mitarbeiter ein.

Durch fehlendes Feedback geht ein großes Potenzial an Lernen und Verbesserung verloren.

Es liegt in unserem Interesse, diese Feedbacklücke so klein wie möglich zu halten.

Wie können wir es also unserem Chef leicht machen, uns Feedback zu geben. Der erste und einfachste Schritt ist, ihn direkt nach Feedback zu fragen.

Und fragen Sie nicht, was Sie in der Vergangenheit falsch gemacht haben, sondern danach, was Sie in der Zukunft besser machen können.

- „Gibt es etwas, was ich (zum Beispiel) in Meetings zu viel oder zu wenig mache?"
- „Was kann ich bei der Aufgabe „Konzeption" beim nächsten Mal noch besser machen?"
- „Könnte ich beim Kunden Z noch etwas verbessern?"

Je feingliedriger Sie das Suchfeld für das Feedback gestalten, umso besser. Aber bitte nicht pauschal nach dem Motto „Bin ich gut oder bin ich schlecht?", sondern immer anhand von konkreten Aufgaben. Ansonsten ist diese Frage eher eine Killerphrase und nicht zu beantworten.

Fragen, die Sie besser so nicht stellen sollten:

- „Sind Sie zufrieden mit mir?"
- „Wo sehen Sie denn meine Stärken und Schwächen?"
- „Gibt es Sachen, die ich besser machen kann?"
- „Wo stehe ich denn so bei Ihnen?"

Cheffing bedeutet hier Führungsverführung.

Verführen Sie Ihren Chef zum Feedback. Das heißt zunächst einmal Hilfestellung geben, dass er formulieren soll, was er erwartet. Lassen Sie nicht locker, wenn er nur sagt: „Alles ist gut" nach dem Motto „Nichts geschwätzt ist genug gelobt". Aber auch wenn Erwartungen erfüllt sind, besser geht immer. Das Bessere ist der Feind des Guten: „Welchen Eindruck haben Sie denn, womit ich noch besser sein könnte, um von 100 Prozent Erwartungserfüllung auf 120 Prozent zu kommen?"

Der Weg zur Führungsverführung geht über die Verführung zum Feedback. Bringen Sie Ihrem Chef das Feedbackgeben bei.

Eine gute Rahmensetzung ist auch hier der erste Schritt. Machen Sie Ihrem Chef in einem günstigen Moment deutlich, was Sie möchten: „Mir ist es sehr wichtig zu hören, wo ich stehe, was ich in Ihren Augen besser machen kann, wovon ich vielleicht zu viel oder zu wenig tue." Doch Vorsicht, selbst diese Formulierungen sind schon für viele schwer zu beantworten.

Je konkreter und einfacher Sie die Vorlagen zum Feedback machen, umso besser. Rückmeldungen zu allgemeinen Fähigkeiten wie Kommunikation, Zuverlässigkeit und Kreativität sind viel zu generisch und schwierig, um darauf wirklich Feedback erwarten zu können.

Ordnen Sie Ihren Job in ca. sechs bis zwölf Teilaufgaben. Das sind häufig einzelne Projekte oder Schritte in einem Wertschöpfungsprozess. Bitten Sie dann Ihren Chef, zum Beispiel auf einer Zehnerskala anzugeben, wie zufrieden er mit Ihrer Arbeit in diesen Teilaufgaben ist. Oder fragen Sie direkt: „An welchen ein bis zwei Aufgaben von diesen zehn sollte ich mich verbessern? An welcher Aufgabe sollte ich mehr arbeiten?"

B7 Einfluss durch Beeinflussbarkeit. Was macht erfolgreich?

Professor Alex 'Sandy' Pentland vom Massachusetts Institute of Technology in Cambridge macht Versuche zum Thema Einfluss.

Im Institut von Professor Pentland sollen Gruppen von sieben Teilnehmern ein Gremium von ihrer Idee und ihrem Geschäftsmodell überzeugen.

Das Gremium repräsentiert sozusagen die Chefs und sie entscheiden darüber, wer Aufmerksamkeit, Geld, Ressourcen und Priorität bekommt. In einer Rangfolge von eins bis sieben.

Um herauszubekommen, warum der Erstplatzierte gewonnen hat und der Siebtplatzierte verloren hat, fragt der Professor nicht das Gremium, was sie überzeugt hat, sondern lässt im Vorfeld der Studie die sieben Probanden durch ein Programm mit verschiedenen Kommunikationssituationen gehen. Dabei werden die Probanden verkabelt und alles, was sich messen lässt, wird gemessen: Abstand der Menschen zueinander, Redeanteile, Lautstärke, Modulation, Blickrichtungen, Augenkontakt und vieles mehr.

Auf diese Weise sammelt er einen großen Berg an Daten, die er dann durch eine Faktorenanalyse schickt. Er schaut, welche Variablen die Probanden gemeinsam haben, die gewinnen, und welche Variablen die Probanden, die verlieren.

Welche Variablen, also Verhaltensmuster, muss ich mir als Mitarbeiter aneignen, um meinen Chef lenken zu können und Einfluss zu haben? In seinem Buch „Honest Signals" fasste Professor Pentland seine Ergebnisse zusammen.

Zentriertheit

Man kann schnell erkennen, dass es um zwei unterschiedliche Gruppen von Variablen geht. In der einen Gruppe zeigen die Probanden ein hohes Maß an Kompetenz, Formen der Zentriertheit der Aufgabe gegenüber, Sicherheit, symmetrische Körperhaltung, ruhige entspannte Stimme, ähnlich wiederholte Modulation, wenig Kopfbewegungen, um die wichtigsten Eigenschaften für Zentriertheit zu nennen.

Zugewandtheit

Die andere Gruppe von Variablen kann man unter der Gruppe Zugewandtheit zusammenfassen. Dazu gehören beispielsweise eine ähnliche Länge der Redeanteile, viel nicken, viel Augenkontakt, beweglicher Kopf, Anpassung der eigenen Redegeschwindigkeit, also hohe Werte bei Aufmerksamkeit und Sympathie.

Nach Pentland genügt es nicht, hohe Werte in der Zentriertheit und damit ein hohes Maß an Kompetenz, Sicherheit, Glaubwürdigkeit und Zuverlässigkeit zu haben. Wir müssen zeigen, dass wir zuhören und offen sind.

Wenn ich aber nur „zugewandte" Variablen habe und keine hohe Kompetenz, geht der Grad meiner Überzeugungskraft ebenfalls gegen Null. Nach Pentland geben Chefs denjenigen ihr Vertrauen und lassen sich von ihnen überzeugen, die ihnen zeigen, dass sie sich beeinflussen lassen, aufmerksam zuhören und offen sind, aber auch gleichzeitig die Fähigkeit haben, die Aufgaben umzusetzen.

Cheffing hat also viel mit der Kunst zu tun, im richtigen Augenblick offen zu sein und im richtigen Augenblick fachlich fest und sicher zu sein. Es ist aber nicht die Quadratur des

Kreises, also eine Unmöglichkeit der Vereinbarkeit, sondern vielmehr die intelligente Verteilung dieser beiden Zustände.

Beispiel eines Bereichsleiters einer Unternehmensberatung

Ich musste eine wichtige Stelle als Projektleiter für Beratungsprojekte besetzen und hatte zwei Bewerbungsgespräche an einem Vormittag, die nicht hätten unterschiedlicher ablaufen können. Um zu sehen wie die Bewerber auf bestimmte Projektaufgaben reagieren und damit einen kleinen Praxistest in das Bewerbungsgespräch einzubinden, präsentierte ich zunächst ein von uns eigenentwickeltes Grundmodell, um die Situation zu strukturieren. Herr W. machte einen sehr selbstsicheren und kompetenten Eindruck und meinte in der ersten Nachfragepause: „Das kenne ich. Das habe ich in vielen Fällen bereits so angewandt. An dieser Stelle würde ich folgendes tun…" Herr W. wollte offensichtlich zeigen, wie erfahren und kompetent er ist und hatte es mit nonverbalen und stimmlichen Signalen unterstrichen.

Die andere Bewerberin, Frau S., hatte die gleichen Vorgaben und die gleichen Rahmenbedingungen, aber Frau S. reagierte völlig anders als Herr W. Sie stellte Fragen, hatte zuvor mitgeschrieben, fragte, wie lange, bei wem und wie oft dieses Modell zur Anwendung kam. Später meinte sie dann, unter Vorbehalt, dass sie mit den vorliegenden Informationen folgendermaßen vorgehen würde und erläuterte ihren Ansatz. Es ist klar, dass wir am Ende Frau S. genommen haben, die mit hohem Selbstwertgefühl offener sein konnte als Herr W., der sicherlich sehr viel Erfahrung und viel Kompetenz hatte, aber was soll man mit jemandem anfangen, der nicht richtig zuhört.

Zeigen Sie Ihrem Chef, dass Sie zuhören, dass Sie neugierig, offen und aufmerksam sind. Die Kompetenz kommt von allein. Es gilt die Offenheit, Neugier und Aufmerksamkeit zu erhalten.

B8 Sind Sie eher ein Feststeller oder Absteller?

„Da müssten wir eigentlich was machen“ „Wir haben da doch ein Problem.“ „Das mit dem Prozess X geht so nicht weiter.“

Wenn Mitarbeiter in Anwesenheit Ihres Chefs solche Sätze sagen, ist der Subtext eindeutig: „Mach was Chef!“ Und je nach Gefühlslage oder Vorgeschichte hört der Chef den versteckten Vorwurf heraus.

> ***Beispiel eines Unternehmenschefs im Maschinenbau***
> *Es war am Rande eines Kongresses. Es ging in einem Gespräch um Führung und um die Schwierigkeiten mit den Mitarbeitern. Ein Unternehmenschef alter Schule bekam die volle Aufmerksamkeit aller Anwesenden. Er sagte: „Ich teile meine Mitarbeiter in zwei Gruppen. In Feststeller und Absteller.“, und fuhr fort: „Sie können sich sicherlich vorstellen, wer von mir mehr Chancen bekommt.“*

Das Problem ist der Ursprung jeder Lösung und Idee. Die Welt wird von den Unzufriedenen verändert. Aber nicht von den Jammerern, die Probleme über den Zaun werfen, sondern von jenen, denen es gelingt, den Chef zum Partner für das Problem zu machen.

Jammern Sie nicht: „Man müsste mal …“, „Eigentlich sollte man …“ Werfen Sie keine Klagen über den Zaun, sondern machen Sie Ihren Chef zum Partner für das Problem und fragen Sie nach einem Mandat, es zu lösen.

Beispiel

Der Mitarbeiter, der den größten Einfluss auf mich hatte, wäre nie auf den Gedanken gekommen, einfach nur über ein Problem zu jammern und zu schimpfen und indirekt die Verantwortung mir zu überlassen. Er sagte nie: „Da müssen wir etwas tun." oder „Einer müsste mal...", sondern eher Formulierungen wie: „Ich kann die Bedeutung nicht richtig einschätzen. Soll ich mir da mal Gedanken zu machen, wie man das lösen könnte?" Da hatte ich als Chef die Wahl, hatte Kontrolle darüber, wohin Prioritäten gehen und er hat nicht ungefragt Probleme gelöst, die ich anders priorisieren würde oder die ich anders gelöst hätte.

In Seminaren hört man immer wieder den Satz: „Komme nie mit Problemen, sondern gleich mit Lösungen." Aber das ist etwas zu kurz gegriffen. Eine Lösung ohne Problem ist genauso schädlich wie ein Problem ohne Lösung. Das heißt aber nicht, dass wir nicht einige Lösungspfeile im Köcher haben sollten, wenn der Chef dann plötzlich fragt: „Was würden Sie machen?"

B9 Fragen Sie um Rat, es macht Sie kompetenter

Ein alter lateinischer Spruch sagt: „Wenn du geschwiegen hättest, wärst du ein Philosoph geblieben.“ Das scheint ein Mythos zu sein. Chefs mögen gerne nach Rat gefragt werden. Es gibt kaum ein besseres Kompliment, das man einem anderen Menschen machen kann. Sie müssen nicht einmal befürchten, dass Sie weniger kompetent wahrgenommen werden. Eine Studie der Harvard Business School von A.W. Brooks, F. Gino und M.E. Schweitzer kommt zu einem überraschenden Ergebnis. Die Personen, die um Rat gefragt haben, wurden vom Ratgeber als kompetenter eingestuft als diejenigen, die darauf verzichtet haben, um Rat zu fragen.

So reagieren selbst Chefs, die sehr schnell genervt sind, überaus positiv, wenn sie um Rat gebeten werden oder nach Hinweisen oder Tipps gefragt werden, da diese Fragen keine zusätzliche Arbeit verursachen, sondern das Gefühl vermitteln, gebraucht zu werden und dass ihre Meinung wertgeschätzt wird.

Paradox, aber: Wer um Rat fragt, wird als kompetenter wahrgenommen als derjenige, der es nicht macht!

B10 Dinge in Gang bringen

Die perfekte Vorlage

Wie formuliere ich Vorlagen oder Mails so, dass sie Dinge (wieder) in Gang bringen? Wie lenke ich meinen Chef, wie setze ich ihn aufs Pferd? Wie spiele ich einen Pass und Vorlage? So, dass der andere nur noch den Fuß hinhalten muss oder so, dass er erstmal weite Wege laufen muss, um sich den Ball überhaupt zu holen? Ich kann schreiben:

- „Die Rechnung ist noch nicht angekommen." oder
- „Der Kunde hat nicht bezahlt."
- „Wir warten noch auf das Angebot."

oder ich formuliere die Mail so, dass ein nächster Schritt sofort möglich ist und das am besten verbunden mit einem Wahlvorschlag: „Soll ich mich darum kümmern und ihn anrufen oder wollen Sie das in die Hand nehmen?"

Wir können schreiben: „Das Projekt kommt nicht richtig voran. Man müsste mal...", oder „Ich habe den Eindruck, dass der Ball im Feld von X liegt. Soll ich nachfragen, welche weiteren Möglichkeiten es gäbe?"

Ja, es sind manchmal Mails, die den Chef wieder in Gang bringen können. Viele Projekte oder Aufgaben bleiben hängen oder stocken, weil sie in eine Verantwortungslücke oder eine Wüste geraten sind. Keiner weiß so recht, wie es weitergeht, keiner fühlt sich verantwortlich oder zuständig. Eine gute Gelegenheit, um im Unternehmen Verantwortungsbewusstsein, Engagement, Aktivität und Lösungsorientierung zu zeigen. Diese Mails wirken manchmal wie der geschickte Griff eines Physiotherapeuten, der Lahme wieder zum Gehen bringen kann. Das Grundmuster dieser wirkungsvollen Mails oder Vorlagen ist ganz einfach: Sie enden mit zwei oder drei einfachen, sehr konkreten alternativen Schritten. Diese alternativen Schritte sind so klein, dass sie vom Chef möglichst leicht entscheidbar sind.

Beispiel

Das Projekt war sehr wichtig, aber keiner wusste so recht, wie es weitergehen sollte oder was gerade passierte. Da keiner die Verantwortung übernehmen wollte, blieb das Projekt irgendwie auf der Strecke, bis der Mitarbeiter S. an den Chef eine Mail mit folgendem Inhalt schrieb: „Frau P hatte ein ähnliches Projekt wie das unsere. Könnte es nicht gut sein, sich einige Ideen zu holen, wie sie damals damit umgegangen ist? Ich könnte sie dafür selbst interviewen oder sie zu unserem Jour fixe einladen."

Bevor Sie Mails rausschicken, überprüfen Sie erst einmal, ob Ihre letzten Sätze in eine Sackgasse führen oder Aktivitäten in Gang setzen.

B11 Machen Sie Termine. Wo es keine Termine gibt, passiert auch nichts

Termine machen und sagen, was Sie vorhaben

Sehr viele Chefs sind schon deshalb schwer zu beeinflussen, weil man sie erst gar nicht erreicht. Man hat zu wenige Termine mit ihnen oder überhaupt keine und die wenigen, die man hat, sind ganz schnell mit dringlichen und unbedingt notwendigen Dingen voll. Im Cheffing geht es im Wesentlichen um die Fähigkeit, den Weg zu Ihrem Chef zu finden. Womit bekommen Sie seine Aufmerksamkeit? Wofür nimmt er sich Zeit?

Beispiel

Ein externer Dienstleister von einem großen Unternehmen wollte unbedingt einen Termin mit dem HR-Chef bekommen, um zu erfahren, wo er stehe, was die nächsten Ziele sind, wie er unterstützen kann. Also eine Art Dienstleisterjahresgespräch durchführen. Er bekam keine Reaktion, egal auf welchem Kanal er es versuchte. Daraufhin befragte er die direkten Mitarbeiter und erfuhr, dass auch sie keine Termine bei diesem Chef bekommen. Er sei immer unterwegs, nie verfügbar, macht keine Termine, macht nur alles notwendige, reagiert nur auf unbedingt dringliche Punkte. Auch der externe Dienstleister hatte ihn nur in dem einen oder anderen Grundworkshop erlebt und versuchte nun herauszufinden, mit was der Chef seine Zeit verbringt. Mit diesem Ansatz hat er einen neuen Versuch gestartet. Er schrieb ihm eine E-Mail, in der er nach seiner professionellen Meinung zur Produktentwicklung im eigenen Unternehmen fragte. Er schrieb noch weiter, dass er doch sicherlich nicht um die eine oder andere gute Idee verlegen wäre. Er war guter Dinge, dass er dieses Mal eine Rückmeldung bekommen würde und tatsächlich schon nach fünf Minuten (!) kam eine Antwort. In der Antwortmail wurden Terminvorschläge gemacht und der HR-Chef bot sogar an, persönlich vorbeizukommen. Der Chef war sicherlich Teilautist, aber er war auch ein „Gelber" wie er im Buche steht. Seine Ideen und Vorschläge waren sehr gut und wurden auch tatsächlich gebraucht. Für den externen Berater war das Gespräch zusätzlich bedeutungsvoll, da er eben auch erfuhr, was im nächsten Jahr geplant war.

Ein rumänisches Sprichwort lautet: „Am weitesten kommt man auf dem Steckenpferd des Chefs." Damit ist weniger das private Hobby gemeint, sondern das berufliche.

Fragen Sie sich, bei welchen Themen und Punkten hat Ihr Chef „den Finger in der Steckdose", was begeistert ihn? Was müssen Sie schreiben, was ihm aufs Band sprechen, damit Sie es schaffen, seine Planung durcheinander zu wirbeln und schnell einen Termin zu bekommen?

B12 Nehmen Sie Einfluss auf die Tagesordnung. Nicht wer fragt, führt, sondern der, der die Agenda bestimmt

Macht und Beeinflussung liegen nah beieinander. Eine hohe Form von Macht hat derjenige, dem es gelingt zu bestimmen, worüber gesprochen wird. Wie schaffe ich es, mein Thema aufs Tapet (grüner Filzbezug von Verhandlungstischen) zu bringen? Wer bestimmt die Tagesordnung und wer hat die Macht, sie einfach wieder umzuschmeißen?

Sie können Fragen stellen und lenken damit ein Thema in eine bestimmte Richtung. So können Sie auch zu neuen Themen hinüberleiten. Aber die höchste Form von Beeinflussung und damit Vertrauen Ihres Chefs haben Sie, wenn der Chef Ihnen die Tagesordnung überlässt. So haben Sie von Anfang an den entscheidenden Einfluss auf die angesprochenen Themen

Tun Sie das nie ohne Auftrag von Ihrem Chef. Da versteht er keinen Spaß. Wenn einem „roten" Chef der Ablauf nicht gefällt, schmeißt er kurzerhand die Agenda um. Damit werden Sie als unberechenbar und schwierig wahrgenommen.

> *Beispiel*
> *Ich hatte einen Termin mit meinem Chef zu einer Reihe von wichtigen Themen. Meine Absicht war es, alles gut vorzubereiten. Daher habe ich ihm in einer Mail eine Agenda für unser Gespräch vorgeschlagen.*
>
> *Kaum wollte ich mit dem ersten Punkt starten, wurde ich unterbrochen und mein Chef stellte ganz andere Themen*

nach vorne und ignorierte meinen Vorschlag vollständig. Es entwickelte sich zu einem der unangenehmsten Gespräche meines gesamten Berufslebens.

So richtig verstanden, was ich falsch gemacht habe, habe ich erst drei bis vier Wochen später in einem Gespräch mit einem Kollegen. Der verriet mir, dass unser Chef zwar selten eine saubere Agenda aufstellt, aber es gar nicht gut findet, wenn andere es für ihn tun.

Die Erlaubnis, die Agenda vorzuschlagen – andere Chefs haben sich das gewünscht – musste ich mir bei diesem Chef Schritt für Schritt erarbeiten.

Die Agenda ist der Rahmen und hoheitliches Gebiet der Hierarchie. Nehmen Sie das Ihrem Chef nicht ohne Erlaubnis weg. Dafür brauchen Sie wirklich einen echten und ernstgemeinten Auftrag. Wenn Sie allerdings diesen Auftrag haben, dann haben Sie es geschafft. Mehr Cheffing geht nicht. Die Macht hat der, der die Agenda bestimmt.

Holen Sie sich von Ihrem Chef die Erlaubnis, Themen oder Tagesordnungspunkte eines Gesprächs oder Meetings vorzuschlagen.

B13 Visualisieren Sie! „Wer schreibt, der bleibt"

„Wer schreibt, der bleibt." So heißt eine alte Skatspielerweisheit. Die besten Meetings oder Besprechungen sind die, deren Struktur und Rahmen visuell vorbereitet wurden. Die einzelnen Punkte des Meetings mit Ziel und Output (Was soll am Ende herauskommen?) auf einem Flipchart als Übersicht aufzuführen, gehört sicherlich zu einem der wichtigsten Cheffing-Tipps, die man geben kann. Wie viel Zeit haben wir für welchen Punkt? An welcher Stelle können wir zeitlich abweichen? Welche Punkte müssen wir dann unter Umständen verschieben? Eine visuell strukturierte Tagesordnung ist eines der wirkungsvollsten Lenkungsmittel, die wir zur Verfügung haben.

Machen Sie visuelle Agenden/Tagesordnungen, wann immer es geht.

B14 Wie wähle ich den richtigen Kanal?

Machen Sie es Ihrem Chef einfach und wählen Sie den Kanal, den er bevorzugt. Bleiben Sie flexibel in der Wahl Ihrer Kanäle und versuchen Sie, herauszubekommen, welches die Lieblingsmedien Ihres Chefs sind. Das gilt für Whatsapp und Co., für Telefon- und Videokonferenzen und die Art, gemeinsame Dateien zu speichern. Manche mögen Audios, manche nicht. Manche mögen Zoom, andere lieber Slack, Skype, Webex oder Gotomeeting.

B15 Erlaubnis, dem Chef Feedback zu geben

Die höchste Cheffingstufe, die man erreichen kann, ist, wenn Ihr Chef Sie fragt, was er besser machen kann. Dann haben Sie sich zum einen den richtigen Chef ausgesucht und zum anderen hat er offensichtlich auch so viel Vertrauen zu Ihnen, dass er auf Ihr Urteil Wert legt. Besser können Sie es nicht machen.

Damit Ihr Chef Ihnen erlaubt, ihm Feedback zu geben, brauchen Sie ein Klima, das Offenheit und Feedback erlaubt. Bevor Sie ihn dazu bringen, Feedback zu nehmen, müssen Sie ihn dazu bringen überhaupt Feedback zu geben. Viele Chefs müssen lernen, dass Feedback nicht unangenehm, peinlich oder verletzend sein muss. Er wird erst Lust auf „Feedbacknehmen" bekommen, wenn er gelernt hat, wie leicht es ist, Feedback zu geben.

Vor dem Feedbackgeben kommt das Feedbacknehmen.

Beispiel eines Vertriebsingenieurs in der Elektrobranche

Ich stand kurz davor zu kündigen und mir einen anderen Chef zu suchen. Das schlimmste war die Feedbacklosigkeit. Ich wusste einfach nicht, was er von mir hält und was er von mir erwartet. Typus: Nett und konfliktscheu. Irgendwie habe ich es geschafft, mit ihm einen Regeltermin zu vereinbaren, in dem es nicht um die aktuellen Aufträge, sondern um die Arbeit allgemein geht. Ich habe mir in diesen „Hügelgesprächen“ Feedback auf Ebenen der Aufträge und Kunden geholt. Das fiel ihm leichter als das Bewerten auf der Ebene von Fähigkeiten. Das ging dann von Mal zu Mal besser und nach ca. einem Jahr kam dann (endlich) die Frage, ob ich auch ihm Feedback geben könnte. Einen höheren Einfluss auf meinen Chef kann ich mir nicht vorstellen.

Wenn Sie diese Ebene von Vertrauen und Feedback erreicht haben, fällt es viel leichter, nach klareren Zielen, mehr Ressourcen, mehr Informationen und Unterstützung und nach noch mehr Feedback zu fragen. Schon haben Sie Ihren Chef in seiner Führung verbessert.

C Von Projekten und Ideen überzeugen

Während im Kapitel B Regeln zusammengetragen wurden, wie wir den Chef überzeugen, sich für uns einzusetzen, geht es in Kapitel C darum, wie ich den Chef überzeuge, sich für unsere Ideen und Projekte einzusetzen.

C1 Die Psychologie des Überzeugens

Was überzeugt andere? Es gibt einen Klassiker zu dieser Frage: „Die Psychologie des Überzeugens" von Robert B. Cialdini gibt uns wertvolle Hinweise auf die Frage, was helfen kann, unseren Chef zu überzeugen. Cialdini nennt dafür sieben Faktoren:

1. Priming, der Zustand im Vorfeld
2. Autorität, große Namen und Co.
3. Überzeugungskraft der Vielen
4. Reziprozität, etwas schuldig sein
5. Verknappung, Mangel
6. Konsistenz, wenn alles zusammenpasst
7. Sympathie

Priming

Das Priming beschreibt den Zustand, in dem sich jemand befindet. Ein starkes Klima der Angst erhöht die Wirksamkeit von Argumenten, die Sicherheit geben. Eine Atemschutzmaske mag völlig bedeutungslos sein für uns, aber nicht, wenn in jeder Zeitung steht, dass es die Gefahr einer Viruserkrankung gibt. Steht das Unternehmen unter einem finanziellen Druck, hat eine Idee, die Kosten einspart, eine ganz andere Überzeugungskraft. „Nichts auf der Welt ist so mächtig wie eine Idee, deren Zeit gekommen ist."

Cheffingfrage: Was beschäftigt Ihren Chef gerade? Um welches Thema kreisen seine Gedanken und passen diese zu Ihrem Projekt?

Das Priming bestimmt auch den Erwartungshorizont. Werde ich vorher mit Zahlen im Bereich von 100 oder 200 gefüttert, so erscheint mir 400 viel. Waren es aber vorher Zahlen von 900 bis 2.000 sind 400 wenig. Menschen, denen vorher Geschichten über Betrügereien erzählt wurden, verhandeln und entscheiden ganz anders als Menschen, die unter dem Einfluss von Geschichten standen, in denen Vertrauen belohnt wurde.

Cheffingfähigkeit: Versorgen Sie Ihren Chef mit Informationen, Geschichten, Links, Artikeln, die den Boden für Ihr Projekt bereiten bevor Sie Ihre Idee präsentieren.

Autorität

Eigentlich sollten wir es besser wissen, aber wir fallen immer noch auf Titel, Orden, Statussymbole, Bekanntheit herein. „Wenn der das sagt, ja dann..."

Achten Sie darauf, wen Ihr Chef zitiert, von wem er spricht und auf wessen Wort er hört.

Überzeugungskraft der Vielen

„Das, was die Mehrheit tut, kann ja nicht falsch sein." Wenn Menschen in eine bestimmte Richtung fliehen, ist der Drang hinterherzulaufen unwiderstehlich, auch wenn dieser Weg uns in eine Sackgasse führt. Wir nutzen das für den Verkauf unserer Ideen, wenn wir sagen: „So wie viele andere Unternehmen das schon tun, möchten wir nun auch..."

Beispiel eines Verwaltungschefs

Es ging darum, in der Zeit vor der Corona-Pandemie unseren kritischen Chef in Richtung Homeoffice zu lenken. Einzelne Vorstöße hatten nichts gebracht. So haben wir alle gefragt und alle Namen gesammelt, die sich für Homeoffice-Tage einsetzen würden. Das war die große Mehrheit. Dann haben wir den Kollegen mit der Liste zum Chef geschickt, der die größte Autorität beim Chef genoss. Der Chef hat sich lenken lassen. Sein Amt war dann in der Pandemie-Zeit Vorreiter.

Je mehr Sicherheit Ihr Chef sucht, umso mehr wird er sich von der Macht der Vielen überzeugen lassen.

Reziprozität

Der Mensch ist ein soziales Wesen und reagiert auf Geben und Nehmen. Der Mensch neigt zu einem „Wie Du mir, so ich Dir". Reziprozität bedeutet Gegenseitigkeit. Inzwischen selten geworden, aber in den 70er Jahren drückten orangegekleidete Sannyasins massenweise Passanten Blumen in die Hand und machten die Erfahrung, dass die Ausbeute bei der darauffolgenden Bitte um eine Spende ungleich erfolgreicher war. Wir neigen dazu, unser „Schuldenkonto", so klein es auch sein mag, auszugleichen. Ein „Danke" ist ein Mini-Schuldschein für die Zukunft. Ich bin dem anderen etwas schuldig.

Verpassen Sie keine Gelegenheit, mehr zu tun als das, was Ihr Chef von Ihnen erwartet. Womit könnten sie Ihren Chef überraschen?

Verknappung

Was knapp ist, muss auch wertvoll sein. Wir kennen dies aus der Werbung oder dem Verkaufsgespräch. Dem Gegenüber wird vermittelt, dass ein Angebot, ein Produkt oder eine limitierte Ausgabe nur kurzzeitig zur Verfügung steht. Knappheit erhöht den Wert Ihres Angebots für Ihr Gegenüber.

„Noch sind wir die Einzigen, die Zugriff auf dieses Angebot haben." Das Spiel mit der Knappheit ist sehr wirksam, sollte aber nur gut dosiert angewandt werden.

Konsistenz

Das menschliche Gehirn liebt es, wenn alles zusammenpasst und wenn Dinge, die wir tun, zu unserem Selbstbild und unseren Überzeugungen und so auch zu dem passen, was wir vorher getan haben.

Darum macht es Sinn bei der eigenen Idee, dem eigenen Projekt, nach den Punkten zu suchen, die zum Beispiel in die Geschichte des Unternehmens passen.

Verbinden Sie Ihre Idee, Ihr Projekt mit der Strategie, den aktuellen Zielen, den Leitbildern des Unternehmens.

Beispiel aus einer Präsentation

Wir haben als Unternehmen auf viele Herausforderungen vom Markt, sei es Marktumbruch oder neue Technologien, immer eine gute Antwort gefunden. Jetzt sind wir dabei, eine Antwort auf die Digitalisierung zu finden. Eine Antwort, die zu uns als Unternehmen passt, die unseren genetischen Code als Unternehmen widerspiegelt und verstärkt.

Sympathie

Bei Sympathie sind wir viel eher bereit, Dinge anzunehmen und ja zu sagen. Sympathie entsteht durch Ähnlichkeit und Aufmerksamkeit, durch Zuhören, durch das Offensein für die Besonderheiten des anderen. So kompliziert ist das Phänomen Sympathie nicht (siehe B7 Einfluss durch Beeinflussbarkeit). Menschen, die uns zuhören, danach fragen, wie unser Urlaub an der Nordsee mit den Freunden in XY war und nicht nur nach dem Urlaub fragen, sind uns sympathisch.

Sympathie ist auch eine Frage der Aufmerksamkeit! Lesen Sie die Mails ganz genau und gehen Sie möglichst fokussiert und unabgelenkt in die Gespräche mit Ihrem Chef.

C2 Manipulieren oder Überzeugen? Lassen sich Chefs manipulieren?

Das mit der Manipulation ist eine schwierige Sache. Diktatoren manipulieren die Massen. Mahatma Gandhi und Martin Luther King auch. War aber das, was Hitler gemacht hat, Manipulation und das, was Gandhi gemacht hat Überzeugung? Wo liegen da die Unterschiede und Grenzen? Wer kann das entscheiden?

> *Beispiel*
>
> *Zum Thema Cheflenken fiel einem Vertriebsleiter folgendes ein: Auf einem Verkäuferseminar habe ich das sogenannte „Spiegeln", das Nachahmen der Körperhaltung des Gegenübers kennengelernt. Es soll die Beziehung und damit den Erfolg verbessern. Das habe ich sofort auch bei meinem Chef ausprobiert. Nach einiger Zeit unterbrach er das Gespräch und fragte, ob alles in Ordnung sei. „Ja, wieso?" entgegnete ich. „Sie sind nicht so bei der Sache wie sonst."*
>
> *Er hat zwar nicht gemerkt, was ich gemacht habe. Er hat aber gemerkt, dass etwas nicht stimmt, dass ich nicht voll bei ihm, sondern bei meiner „Manipulation" war. Mein Bewusstsein hat etwas übernommen, was mein Unbewusstes viel besser kann. Für Körpersprache ist unser Unbewusstes zuständig.*

Eine ethisch gute Idee zu haben reicht nicht, sie muss auch gut verkauft werden. Eine schlechte Idee, die gut verkauft wird, funktioniert auch, allerdings nur kurzfristig. Wenn Leute, die gute Ideen haben, diese nicht verkaufen können, werden sich die durchsetzen, die ihre schlechten Ideen gut verpacken und verkaufen können.

Manipulation in der Beziehung zum Chef geht nach hinten los, denn die Beziehung zum Chef ist auf Langfristigkeit angelegt. Der Betrüger, der mich hintergangen hat, ist weg, der Mitarbeiter, der mich manipuliert hat, ist immer noch da, aber er verliert das Vertrauen des Chefs.

Wir kennen im Deutschen den feinen Unterschied zwischen überreden und überzeugen. Überreden bedient sich nicht selten eines Manipulationsmittels, das beim Überzeugen nicht notwendig ist. Die Verknappung der Zeit macht den Unterschied. Der Betrüger drängt zu einer Entscheidung, um schnell an den Punkt zu kommen, an dem der Betrogene nicht mehr zurückkann. Sei es die Unterschrift, die Zahlung, das Einverständnis, der Vertrag. Überzeugung ist dagegen auf langfristiges Commitment angelegt. Zeitdruck sollte uns immer skeptisch machen.

C3 Können Sie es schaffen, Ihren Chef glauben zu lassen, dass es seine Idee gewesen ist?

Was hier vielleicht als der „Schwarze Gürtel" des Cheffing daherkommt, als die Spitzenfähigkeit, mit unsichtbaren Fäden den Chef zu manipulieren, stellt sich am Ende als Mythos heraus.

Hinter dem Wunsch, andere glauben zu machen, es wäre ihre Idee, steht die Überzeugung, dass Menschen eigene Ideen anders vorantreiben als die Ideen anderer. Aber ist das möglich?

Natürlich gibt es Chefs, die sich der Ideen ihrer Mitarbeiter bemächtigen, sprich diese einfach ungefragt stehlen.

Es gibt vielleicht auch Chefs, die Ideen unbewusst aufschnappen, diese im Laufe der Tage vergessen und ihnen dann diese Idee wieder in den Sinn kommt und sie diese für ihre eigene halten. Aber von einem gezielten Verkaufen oder gar „Unterjubeln" einer Idee, ohne dass der Chef etwas davon merkt, kann man da nicht sprechen. Das heißt aber nicht, dass Sie nichts tun können. Natürlich können Sie Ihren Chef lenken, aber das geht nicht mit einem „genialen" Trick, mit einem Dreh, Clou oder Zaubertrick.

Es gibt nicht den schnellen, bauernschlauen Manipulationstrick.

C4 Wie können Sie Ihren Chef zum „Komplizen" Ihrer Ziele machen?

Gleich mehrere der vorherigen Cheffing-Tipps haben eines gemeinsam: Die Lösung liegt nicht darin, den Chef mit der fertigen Lösung zu „überfallen", denn die „Adoption" einer Idee durch Ihren Chef scheint umso leichter zu funktionieren, je „jünger" sie ist.

Ein typischer Verkäuferfehler ist die Verabreichung der „Nutzendusche". Ihnen wird dann erklärt, was Sie alles für Vorteile durch den Kauf dieses Produkts haben und wie großartig das alles ist. Aber das bringt gar nichts, wenn gar kein Problem besteht. Und es steckt zudem ein abwertender Subtext dahinter: Der andere weiß besser, was gut für Sie ist.

Rennen Sie keine Türen ein, die nicht geöffnet sind.

Versuchen Sie lieber den Cheffing-Dreisprung:

1. Was ist unser Problem?
2. Hat es Bedeutung?
3. Lösung gewünscht?

Beispiel eines HR-Chefs eines Unternehmens
Ich hatte schon eine Idee, wie ich meinen CEO darum bitten wollte, dafür zu sorgen, dass die Führungskräfte stärker in die Umsetzung bestimmter Seminare und Trainings sowie deren Inhalte eingebunden werden sollen. Ich wusste genau, wenn ich ihm meine Lösungsansätze vorschlage, wird er sofort in die Abwehr gehen und Gründe finden, warum dies nicht möglich sei. Daher habe ich stattdessen im Vorfeld des Termins gemailt, welches Pro-

blem mir im Kopf herum geht und dass ich dabei bin, nach Lösungen zu suchen, wie Führungskräfte stärker auf ihre Mitarbeiter schauen können. Das war weder ein Vorschlag noch ein Appell, sondern eine Aufklärung darüber, dass ich mir Gedanken mache. Etwa eine Woche später fand das Meeting statt. Es war noch keine halbe Stunde vergangen, da traute ich meinen Ohren nicht, als der CEO fragte, ob es denn irgendwelche Möglichkeiten gäbe, Seminarleiter stärker in die Umsetzung der Inhalte mit einzubinden. Die Seminarleiter hätten doch teilweise einen besseren Blick auf die Führungskräfte als deren Chefs.

Ich war von den Socken, denn eine bessere Vorlage für mein zentrales Anliegen hätte ich nicht haben können. Ich muss auch gestehen, dass es eine noch viel bessere Idee war als die, die ich im Hinterkopf hatte.

Chefs helfen gern, sie werden gern um Rat gefragt und sie liefern unter Umständen sogar die besseren Ideen. Mit Sicherheit ein zentraler Punkt im Cheffing: Pull statt Push.

Cheffing beginnt nicht mit der Lösung oder Idee. Es beginnt beim gemeinsamen Nachdenken über ein Problem. Bringen Sie Ihren Chef zum Mitdenken. Forcieren Sie Ihr Thema.

C5 Fehlt etwas in Ihrer Präsentation? Ethos, Pathos und Logos

Es war schon Aristoteles, der in der Antike die Grundregeln des Überzeugens in der Rhetorik zusammengefasst hat. Diese Regeln sind bekannt und berühmt geworden durch den Dreiklang:

- Ethos: Glaubwürdigkeit und sittliche Verankerung
- Pathos: Emotionen, Gefühle, Empathie
- Logos: Folgerichtigkeit, Rationalität.

Grundthese ist, dass wir zur Überzeugung alle drei Punkte brauchen. Aristoteles warnt uns, nicht einen von diesen drei Punkten zu vernachlässigen oder zu vergessen.

> *Beispiel*
> *Angenommen, ich wollte meinen Chef von der Idee überzeugen, genau dieses Buch zu schreiben. Also eine Anwendung des Prinzips auf dieses Buch selbst:*
>
> *Wie wir mit unserem Chef klarkommen, bestimmt im hohen Maße, wie es uns geht. Unsere Möglichkeiten der Selbstentfaltung und Selbstverwirklichung und unseres beruflichen Glücks hängen daher zum größten Teil vom Chef ab (Pathos). Wenn das so wichtig ist, lohnt es sich in die Beziehung zum Chef zu investieren und alles zu tun, was die eigene Überzeugungsfähigkeit und das Vertrauen in der Beziehung stärkt (Logos). In diesem Büchlein sind die Erfahrungen vieler Mitarbeiter und Führungskräfte gesammelt und die wichtigsten Erkenntnisse renommierter Universitäten, Forscher und Professoren zu Rate gezogen (Ethos).*

Beispiele für Ethos sind Autoritäten, Zitate von Professoren, von wichtigen Institutionen. Die Werbung nennt diesen Ethos-Style „Promotoren". Wer ist überzeugend? Wer ist Fachmann? Wer ist Experte?

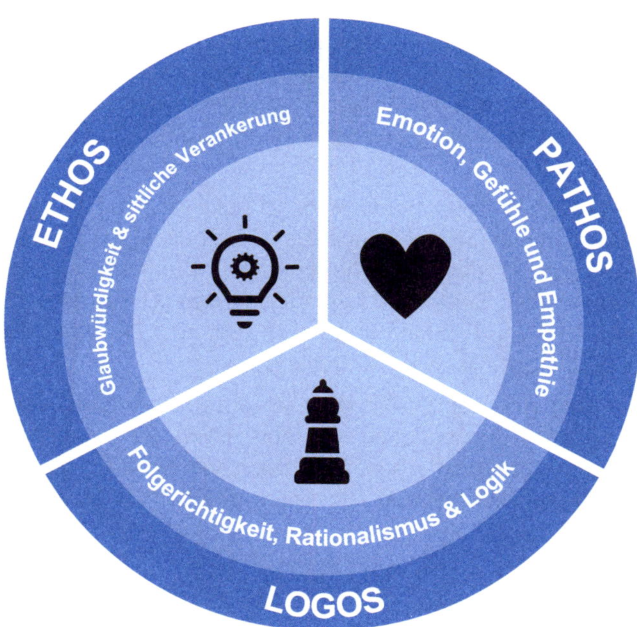

Wessen Wort gilt hier viel? Je unsicherer Menschen sind oder je weniger selbstständig sie sind, umso mehr ist ihnen die Autorität einer höheren Instanz, Organisation oder Menschen wichtig („Ja, wenn der das sagt, dann muss das ja stimmen."). Im Grunde genommen geht es beim Ethos um Namedropping. Wir müssen also danach suchen, wer sich dafür ausspricht, wer die These bestätigt. Google und Wikipedia erleichtern uns die Arbeit. Welche Unternehmen und Instanzen haben ähnliches ausprobiert und gemacht? Und wen könnte ich dann dazu zitieren.

Beispiele für Pathos sind, Emotionen anzusprechen, Gefühle, Probleme, Sorgen, Menschlichkeit. Wie geht es uns damit? Wäre es nicht schön? Wollen wir noch weiter ertragen, dass…? Hier wird die Motivation getriggert. Das heißt, weg von X, hin zu Y. Weg von schlechten Gefühlen, hin zu den guten.

Beispiele für Logos sind die Folgerichtigkeiten, die sich letztendlich immer mit einer Wenn-Dann-Formulierung verknüpfen lassen. Der induktive Argumentationsaufbau führt von gesammelten Beispielen zum Allgemeinen (Die Unternehmen A, B und C haben X gemacht. Das sind Beispiele, die zeigen, das X die Erfolgsstrategie ist).

Die deduktive Logik führt dagegen vom Allgemeinen zum Speziellen (Wer überleben will, muss ein Unternehmen agiler und schneller machen. Ergo brauchen wir auch für die Produktionsvorbereitung selbststeuernde SCRUM-Teams).

C6 Vermeiden Sie zu viel Gutachterstil. Üben Sie sich im Richterstil

Sie sind erfahren, Ihnen macht so schnell keiner was vor. Sie sind richtig gut in Ihrem Beruf. Und Sie werden jeden Tag besser. Mit jedem Tag kennen Sie sich mit dieser Welt, die immer umfassender, größer und komplexer wird, besser aus. Wer viel weiß, der kann viel erzählen.

Im Umgang mit unserem Chef kann diese Stärke schnell zur Schwäche werden. Wir möchten unseren Chef überzeugen, ihn mitnehmen auf unseren Gedankengängen. Wie sind wir dahin gekommen? Wir glauben, dass der Weg, den unsere Gedanken gegangen sind, auch die sind, die unseren Chef am besten überzeugen. Was ist die innere Logik, um zu dieser Lösung zu gelangen?

Auch hier an sich eine positive Absicht, aber mit einer negativen Wirkung. Sie ist umso schlimmer, je fachfremder mein Chef ist. Wenn der Chef auch noch hohe „Rot"-Anteile hat, ist es ein sicherer Weg, sich beim Chef unbeliebt zu machen, denn der ist ungeduldig und fragt sich schon beim dritten Satz: „Wo will denn dieser Mitarbeiter hin? Was ist das Ziel? Warum muss ich mir das anhören?"

Diese Art des Argumentationsaufbaus ist das, was man Gutachterstil nennt. Der Gutachter soll die logische Reihenfolge zum Beispiel eines Unfalls wiedergeben. Das Fahrzeug fuhr hier entlang, bog rechts ab, die Sonne blendete und in der Kurve kam jemand entgegen und da überquerte ein Fußgänger die Straße usw. und dann hat es Boom gemacht. Nach Berücksichtigung aller Gesichtspunkte und der Überlegungen komme ich als Gutachter zu folgendem Ergebnis. Das, was vom Gutachter im Gerichtssaal gewollt und erwartet wird, geht in den Büros dieser Welt schnell nach hinten los.

Der Richterstil geht genau andersherum vor. Er erklärt zu Beginn schnell den Rahmen: „Wir sind heute zusammengekommen, um über den Fall XY ein Urteil zu fällen und das Urteil lautet lebenslänglich. Ich möchte Ihnen im Folgenden erklären, aus welchen Beweggründen und mithilfe welcher Beweislagen wir zu dem Urteil gekommen sind."

Lassen Sie Ihren Chef nicht im Unklaren darüber, wohin Sie wollen. Strapazieren Sie nicht unnötig die Geduld und Nerven Ihres Chefs.

Man kann schnell den Eindruck gewinnen, dass die Ungeduld mit der Digitalisierung und Informationsfülle gestiegen ist. Es wird immer weniger Zeit gewährt, um zu zeigen, worum es geht. Wir sind gezwungen, immer schneller auf den Punkt zu kommen, um Chefs und andere Entscheider nicht zu verlieren.

C7 Haben Sie Ihre Argumente richtig geordnet? Die Kette der Überzeugung

Wenn wir den Chef von einer Veränderung überzeugen wollen, müssen wir zeigen, dass die Veränderung sowohl notwendig und als auch möglich ist.

Für die Notwendigkeit muss ich von der Existenz und der Bedeutung eines Problems überzeugen. Für die Möglichkeit muss ich zeigen, dass das Problem überhaupt lösbar (Lösbarkeit) ist und wir dazu in der Lage sind (Fähigkeit).

Existenz

Weit bevor ich mit einer Lösung komme, muss ich den Chef von der Existenz des dazugehörigen Problems überzeugen. Sie müssen also Symptome sammeln. Woran kann man erkennen, dass es ein Problem gibt? Sie würden als HR-ler gerne ein Führungsseminar starten? Sieht Ihr Chef überhaupt ein Problem in der Führung? Wenn nicht, dann sammeln Sie alle Punkte, Beispiele, Symptome, Geschichten, Klagen, Beschwerden, Zahlen, Daten, Fakten, die dafürsprechen, dass Führung ein Problem ist.

Bedeutung

Wenn Sie das geschafft haben und Ihren Chef von der Existenz des Problems überzeugen konnten, muss als nächstes die Bedeutung des Problems klargemacht werden („Ja, mag sein, dass wir ein Problem mit der Führung haben, aber so wichtig ist das ja nicht."). Dafür müssen Sie Informationen sammeln, die die Wichtigkeit deutlich machen. Wie teuer ist das? Wie viel kostet ein erfahrener Mitarbeiter, der wegen zu schlechter Führung geht? Wie viele gute Mitarbeiter bekommt man dadurch nicht? Wie viel Effektivität und Effizienz bleiben aufgrund von schlechter Führung als Potenzial ungenutzt? Sammeln Sie nach Möglichkeit Kennzahlen, die die Wichtigkeit dieses Problems verdeutlichen.

Notwendigkeit

Beides zusammen, die Existenz und die Bedeutung, ergeben die Notwendigkeit das Problem zu lösen. Je größer Existenz und Bedeutung, desto mehr Energie kann später abgerufen werden und desto höher ist auch die Priorität. Checken Sie Ihre Argumentationsbox und Ihre Folien. Haben Sie genug Argumente für Existenz und Bedeutung des Problems gesammelt? Haben Sie eine Ahnung, wo Ihr Chef in Bezug auf diese Frage steht?

Lösbarkeit

Wenn Sie die Notwendigkeit durch Existenz und Bedeutung untermauert haben, kann es sein, dass Sie trotzdem noch lange nicht am Ziel sind („Mag ja sein, dass wir ein Problem mit der Führung haben und dass dieses Problem wichtig ist, aber daran kann man nichts ändern"). Der nächste Schritt ist es, den Chef von der Lösbarkeit des Problems zu überzeugen. Hier gilt es Beispiele zu sammeln, wie andere Unternehmen, andere Bereiche oder andere Abteilungen dieses oder ein vergleichbares Problem schon gelöst haben. Je namhafter das Unternehmen oder der Bereich, umso besser. Hier hilft nur Recherche. Dabei sollten Sie Google, Wikipedia, Kongresse, einschlägige Zeitschriften und Artikel durchforsten und ein Netzwerk, das sich gut auskennt, befragen.

Fähigkeit

Wenn Sie Argumente und Folien haben und Ihr Chef Ihnen folgen konnte, dann kann es immer noch eine Hürde geben: den Zweifel an der Fähigkeit, das lösen zu können. „Ja, wir haben ein Problem mit Führung und es ist ein sehr wichtiges Problem, das andere vielleicht lösen konnten, aber wir können das nicht." Auch davon müssen Sie Ihren Chef überzeugen, denn Lösbarkeit und Fähigkeit geben zusammen die Möglichkeit, ein Problem zu lösen. Während ich bei der Lösbarkeit nach Argumenten und Beispielen extern suche, muss ich hier nach internen Beispielen suchen, bei denen das Unternehmen oder die Abteilung bewiesen hat, dass es (möglichst) ähnliche Probleme gelöst hat. Beispiel: „Wenn wir die Einführung von SAP geschafft haben, dann schaffen wir das auch. Wie haben wir es geschafft diese Software einzuführen und zu etablieren?" An diesem Punkt benötige ich den Austausch mit Kolleginnen und Kollegen, die vielleicht schon möglichst lange im Unternehmen sind und alle Erfolgsgeschichten kennen, die geeignet sind, den Glauben an die eigenen Fähigkeiten im Unternehmen zu erhöhen.

Erst wenn Sie Ihrem Chef Existenz, Bedeutung, Lösbarkeit und Fähigkeiten zeigen konnten, ist es Zeit für Ihre Lösung. Vorher geht das nicht.

C8 An welchem Punkt der Überzeugungskette stehen wir?

Wenn Sie eine Lösung ohne Notwendigkeit in den Kopf Ihres Chefs bringen wollen, schauen Sie vermutlich in ein fragendes Gesicht. Es kann Ihnen aber auch das Gegenteil passieren. Sie versuchen Ihren Chef von der Existenz und Bedeutung zu überzeugen, dabei wartet er nur noch auf die Lösung. Dann schauen Sie eher in ein genervtes Gesicht, ganz nach dem Motto „Dann legen Sie doch endlich los. Das kenn ich doch schon alles." Wenn Sie mit Ihrem Chef noch nicht darüber gesprochen haben, wissen Sie einfach nicht, wie Ihr Chef zu diesem Thema steht. In diesem Fall werden Sie vermutlich schnell aneinander vorbei kommunizieren. Er wird UKW nicht empfangen, wenn er die Mittelwelle braucht oder wenn er seine Sender auf Kurzwelle eingestellt hat.

Öffnen Sie Ihre Wahrnehmungskanäle, um möglichst schnell herauszubekommen, auf welcher Stufe der Überzeugungskette Ihr Chef steht.

Das Bewusstsein um diese fünf Stufen wird noch wichtiger, wenn Sie es nicht nur mit einem Chef zu tun haben, sondern mit einem ganzen Gremium. Während die einen sofort Ihre Lösung hören möchten, weil sie sich mit dem Thema schon lange beschäftigen, haben die anderen den Schuss noch nicht gehört. Dann brauchen Sie Folien für alle fünf Felder. Das ist die Kunst der Präsentation, an jeder Bushaltestelle die Leute einzusammeln, wo sie stehen. Angefangen bei denjenigen, die die Existenz gar nicht kennen. Als nächstes diejenigen, die die Bedeutung noch nicht kennen, dann diejenigen, die Beispiele für die Lösbarkeit brauchen und die letzten, die die Sicherheit brauchen, dass es auch machbar ist. Wenn es ausgerechnet die „roten" Chefs sind, die auf die Lösung warten und die „blauen" Chefs, die lange brauchen, um überzeugt zu werden, ist es notwendig, den unterschiedlichen Stand zu diesem Thema zu kommunizieren.

Seien Sie vorsichtig bei fertig vorgeplanten Präsentationen. Machen Sie sich einen Plan, aber seien Sie darauf gefasst, von diesem gegebenenfalls abzuweichen. Das gilt umso mehr, wenn Sie noch nicht wissen, wo Ihr Chef steht.

C9 Lassen Sie dem Chef immer eine Wahl

Wir Mitarbeiter haben eine edle Absicht. Wir wollen alles richtig machen. Wir wollen die richtige Lösung liefern. Auch hier haben wir schnell eine positive Absicht mit einer negativen Wirkung. Je länger wir eine Sache durchdacht haben, ein Projekt und die Lösung von allen Seiten betrachtet haben, desto sicherer sind wir, dass wir am Ende die richtige Lösung für das Problem kreiert haben. Diese präsentieren wir dann auch als non plus ultra. Das ist die richtige und einzige Lösung, die es dafür geben kann. Vorsicht, ein Übermaß an fachlicher Sicherheit kann nur erschrecken.

Machen Sie nicht den Fehler, alles richtig zu machen. Lassen Sie immer Platz für Senf auf dem Teller.

Wenn Sie möchten, dass Ihr Chef Ihr „Baby" adoptiert und als seins annimmt, müssen Sie Gelegenheit schaffen, diesem Projekt seinen Stempel aufzudrücken. Wenn ich einen perfekten fertig garnierten Teller anrichte und dem Chef keinen Platz darauf lasse, kann es schnell passieren, dass der Teller als gesamtes zurückgeht. Oder der Kernpunkt des Projekts, das Steak in diesem Fall, in Frage gestellt wird. Gute Lösungspräsentationen enthalten eine Sollbruchstelle. Das ist die Stelle über die diskutiert wird. Die Stelle, an der sich Ihr Chef mit seinen Fähigkeiten und seinem Wissen einbringen und zeigen kann.

C10 Vom Nutzen von Sollbruchstellen

Natürlich kann man schon im Setting einer Präsentation die Sollbruchstelle mit dem Hinweis offenlegen, dass es an dieser oder jener Stelle einen Entscheidungsbedarf gibt. Es ist aber nicht sicher, dass diese Sollbruchstelle dann auch „geschluckt" wird. Häufig haben Chefs eine sehr feine Nase dafür, wo wir unsicher sind. So reicht eine Schwebung in der Stimme bei einer der Fragen oder Folien, um den Chef aufmerksam werden zu lassen.

Beispiel eines Marketingchefs

Durch die Teilnahme an den Geschäftsleitungssitzungen habe ich gelernt, dass man es nicht dem Zufall überlassen sollte, worüber Entscheider diskutieren. Eine Investition in Millionenhöhe in eine neue Maschine wurde nach ein paar Fragen über die Wartungskosten, die Langlebigkeit und über die Finanzierung innerhalb von zehn Minuten durchgewunken. Hingegen wurde bei dem Punkt „Seminar für Führungsnachwuchskräfte" eine Dreiviertelstunde darüber diskutiert, wer von den vorgeschlagenen Trainern der Beste sei. Manche Themen ziehen Diskussionen wie Magnete an.

Diese Erfahrung habe ich genutzt, um meinen Chef zu lenken, als es um eine bestimmte Marketingkampagne ging, indem ich die Diskussionsspur in die Richtung einer Abstimmung lenkte, wer von mehreren zur Auswahl stehenden der richtige Promoter sein würde. Dabei reichte es aus, bei der Nennung des Schauspielers nur eine kleine Unsicherheit zu zeigen, die umgehend zu der Frage führte, welche anderen Schauspieler noch in Frage kämen. Die Alternativen wurden gezeigt, es wurde lange darüber diskutiert und eine Entscheidung getroffen. Der eigentliche Plot der Kampagne wurde nicht in Frage gestellt.

Welche Stelle vom Teller sich der Chef für seinen Senf aussucht, hat immer damit zu tun, worüber er mitreden kann. Er wird nicht darüber diskutieren, was ihm banal scheint und auch nicht darüber, wovon er nichts oder zu wenig versteht. So hängt die Ebene der Sollbruchstelle vom fachlichen Detailwissen des Chefs ab. Mit jeder Entscheidung Ihres Chefs wächst die Kenntnis über die Entscheidungsmuster und den optimalen Entscheidungsgrad von Ihrem Chef. Und umso mehr können Sie sich dann auf Ihre Intuition verlassen. Ansonsten können wir nur gut vorbereitet sein, dass sich an mehreren Stellen Diskussionen entspannen können. Interpretieren Sie diese Diskussionen nicht falsch. Es sind keine Einwände, die das Scheitern vorbereiten, sondern der Prozess der Adoption. Der Mitadoption Ihres „Babys".

Überlassen Sie es nicht dem Zufall, welcher Punkt Ihres Projekts vom Chef diskutiert wird. Versuchen Sie die richtigen „Sollbruchstellen" zu setzen.

C11 Der Mensch ist ein Geschichtenwesen

Das Unternehmen, in dem Sie arbeiten, können Sie nach verschiedenen Kriterien einteilen, zum Beispiel nach Abteilungen, Bereichen, Teams, nach Führungskräften und Mitarbeitern, aber auch nach Prozessen und Bilanzen, Zahlen, Daten, Fakten, Erfolgen, Märkten, Kunden, Erlösen oder Produktivität.

Nur eigentlich ist das alles nicht das, woraus ihr Unternehmen wirklich besteht. Vielmehr besteht Ihr Unternehmen aus Geschichten. Geschichten darüber, wie das Unternehmen entstanden ist, wie Produkte entstanden sind, Geschichten darüber, was jemanden auszeichnet. Denken Sie zurück an die Zeit, in der Sie bei Ihrem Unternehmen angefangen haben. In jeder Begegnung mit jemandem haben Sie Geschichten gehört: Wer wichtig ist, weil er jemand bestimmtes kennt. Wer zu meiden ist, weil er dies und jenes macht. Warum es strategische Differenzen und Konflikte gibt, weil die Abteilungen verschiedene Ziele oder Schwerpunkte setzen und verfolgen. Wie die eine Geschichte mit anderen Geschichten zusammenhängt. Wer mit wem im Unternehmen eine Affäre hat. Vermutlich sind Sie selbst auch Teil einer Geschichte. So könnte Ihr Chef zum Beispiel eine gute Geschichte erzählen, warum er Sie ins Unternehmen geholt hat. „Das ist diejenige, die in dem Unternehmen XY das Projekt Z geleitet hat" „Er hat an der Entwicklung des Produkts XY gearbeitet und ist bekannt geworden, weil…"

Studien besagen, dass von allen Bewerbungsgesprächen nur die im Kopf bleiben, bei denen der Bewerber eine Geschichte erzählen konnte, an die man sich erinnern konnte.

Es bleiben nicht die Lebensläufe, die Zeugnisse oder die klugen Antworten im Gedächtnis. Das, was bleibt, sind Geschichten, wie jemand durch einen Unfall dazu gebracht wurde, sein Hobby zum Beruf zu machen. Auch bei Verkaufsgesprächen ist es eine Story, an die man sich zum einen gut erinnert und zum anderen den letzten überzeugenden Punkt gebracht hat.

Die wirksamsten Geschichten sind die, die nur aus zwei bis drei Sätzen bestehen, manche sind sogar noch kürzer. „Geführt wird von unten nach oben" und auf einmal wird klar, dass der Mitarbeiter den Chef führt und nicht umgekehrt.

Geschichten sind deshalb so erfolgreich und wirksam, weil wir uns damit die Welt besser einprägen können und weil wir sie gerne erzählen und gerne hören.

Verzichten Sie nie auf Geschichten, wenn es welche zu Ihrem Thema gibt. Geschichten vereinigen fast auf magische Weise alles, was Menschen überzeugt.

C12 Erzählen Sie Ihrem Chef gute Geschichten

Geschichten sind auch deshalb so stark, weil sie immer kognitive Verbindungen zu real erlebten Ereignissen schaffen. Sie enthalten konkrete Menschen an konkreten Orten und mit konkreten Handlungen. Sie zeigen die gesamte Fülle des menschlichen Erlebens. Alle Sinne werden in Geschichten angesprochen und zu einem Ganzen und einer leicht merkbaren Einheit verknüpft.

Beispiel

Ein Mann ist tot. Eine Frau ist schwerkrank. Ein Pfarrer verliert seine Zulassung. Ein Kind ist im Heim.

Das sind vier Kognitionen, die man vermutlich schnell vergisst, aber nicht, wenn diese Kognitionen miteinander verbunden werden zu einer Geschichte.

Die Frau hat eine Affäre mit dem Pfarrer. Ihr Ehemann kommt damit nicht klar und nimmt sich das Leben. Die Frau kann das nicht ertragen und wird sehr krank, sodass sie den gemeinsamen Sohn nicht mehr versorgen kann und dieser in ein Heim kommt. Der Pfarrer beichtet die Affäre und verliert seine Stellung.

Die größte Plattform für Reden ist die Konferenzserie TED. Im Vordergrund steht die Verbreitung von Ideen, in der Regel in Form von kurzen, kraftvollen Vorträgen (18 Minuten oder weniger). TED begann 1984 als eine Konferenz, auf der Technologie, Unterhaltung und Design zusammenkamen, und deckt heute fast alle Themen – von der Wissenschaft über die Wirtschaft bis hin zu globalen Fragen – in mehr als 100 Sprachen ab. Inzwischen helfen unabhängig voneinander durchgeführte TEDx-Veranstaltungen, Ideen in Gemeinschaften auf der ganzen Welt auszutauschen.

> *Beispiel*
> *Man kann auch den Erfolg des iPhone als Geschichte erzählen: Es gibt Computer. Es gibt Telefone. Es gibt Bildschirme, die per Finger Daten und Informationen aufnehmen können. Wir haben alles zusammengebracht, und so klein gemacht, dass man es in der Hand halten kann. Und das Ganze nennt sich iPhone.*

Youtube macht es nicht nur möglich, die Anzahl der Klicks zu erfassen, sondern erfasst auch die Weiterempfehlung der Videos durch die Teilen-Funktion. Dann sind es die kleinen Stories, die die Stories dieser Reden verbreiten: „Hast du schon gesehen, dass Bill Gates bei TED aufgetreten ist und ein Glas mit Bienen geöffnet hat, die dann im Raum ausgeschwärmt sind." Die TED Reden lassen sich wunderbar danach analysieren, was die Reden, die unter den Top 100 sind, gemeinsam haben. Was kann man daraus für das Storytelling lernen, welchen Plot brauchen Geschichten?

Das, was hängen bleibt, sind die Geschichten.

C13 Die erfolgreichsten Story-Muster. Die besten Plots

In ihrem Buch „Talk like TED“ stellt Carmine Gallo fest, nach welchem Schema die erfolgreichsten Plots aufgebaut sind.

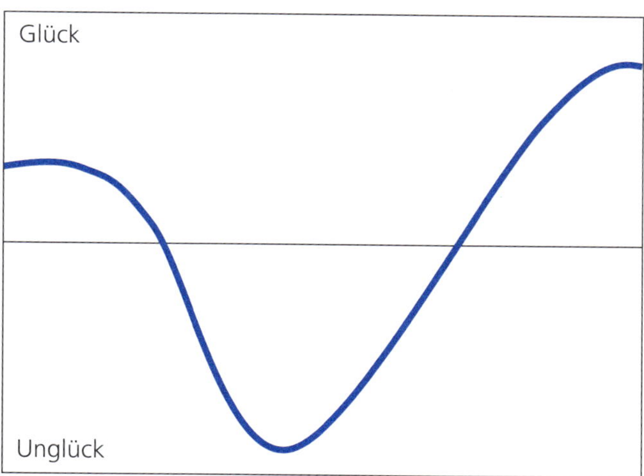

Der erfolgreichste Plot einer Story

Die erfolgreichsten und überzeugendsten Plots folgen im Prinzip dem Grundmuster der Geschichte des Aschenputtels. Die Welt ist in Ordnung, dann passiert etwas Schlimmes, was häufig mit der Zeit noch schlimmer wird. Die Leidenskurve geht dann noch tiefer ins Tal. Und wenn man glaubt, dass man da nicht mehr herauskommt, dann kommt die Wendung. Denn dann kommt irgendwo ein Lichtlein her, sei es eine Fee, eine Idee, ein Buch, das einen auf die

Lösung bringt. Ab da geht die Kurve wieder hoch. Am Ende ist die Welt dann besser als vorher.

> ***Beispiel***
> *Ein Entwicklungsingenieur hatte eine neue Applikation entwickelt und wollte seinen Chef davon überzeugen, diese in die Hauptproduktionslinien mit aufzunehmen. Die ersten Versuche scheiterten, denn der Chef meinte, es sei zu umständlich. Der Entwickler wusste nicht, wie er ihn noch überzeugen konnte, bis es ihm ein Kunde selbst sagte: „Was Sie da machen, ist eigentlich das, was Henry Ford mit der Automobilindustrie gemacht hat. Auf einmal kann man nämlich alle Fälle damit bearbeiten und dadurch wird der Durchschnittspreis auf unter 30 Prozent gesenkt." Vielleicht passt diese Geschichte nicht zu allen. Sie passte aber zu seinem Chef, für den die Story mit der Skalierbarkeit das Argument war, das er brauchte, um sich für diese Idee wiederum bei seinen Chefs stark zu machen.*

Natürlich gibt es viele alternative Verläufe von Drehbüchern, die ebenfalls erfolgreich sind. Beim Drehbuch Liebespaar finden wir zu Beginn ein Anfangshoch und dann kommt die Enttäuschung und die Kurve geht nach unten, um zu einem späteren Zeitpunkt auf anderen Wegen wieder hoch zu kommen.

Das erfolgreichste Muster scheint der Aschenputtel-Plot zu sein. Ohne Problem keine Lösung. Keine Antwort ohne Frage.

Einen eindrucksvollen Beweis für die hohe Überzeugungskraft von Geschichten haben die Forscher Rob Walker und Joschua Glenn erbracht (significantobjects.com). Sie versahen Alltagsgegenstände, die nicht mehr als 2 Dollar kosteten, mit Geschichten und versteigerten sie dann auf ebay. Der Wert der Gegenstände erhöhte sich teilweise um ein Vielfaches. Gegenstände im Gesamtwert von 130 Dollar ergaben einen Erlös von über 3.600 Dollar. Ein Gegenstand erzielte sogar das 2.700-Fache seines ursprünglichen Wertes.

C14 Big Pictures: Folien, die die Welt verändern

Ein Bild sagt mehr als tausend Worte. Eine gute Story ist sehr gut, noch besser aber ist das Big Picture. Denn ein Bild wirkt auch dann, wenn Sie gar nicht da sind.

> *Beispiel eines Controllers*
> *Mir fällt beim Thema Cheffing ein, dass mein Chef für eine Präsentation vor der ganzen Belegschaft ein wichtiges Bild, eine einfache Grafik, das den Haupttrend in unserem Markt auf den Punkt brachte, aus meinem Foliensatz verwendet. Zunächst habe ich mich geärgert. Er hätte mich zumindest fragen können. Bis mir meine Kollegen, einer nach dem anderen, anerkennend zunickten.*

Woran merken Sie, dass Sie Karriere gemacht haben? Wenn Präsentations-Folien, die Ihnen wichtig sind, im Standardfoliensatz Ihres Chefs auftauchen.

Während Sie dabei sind, Ihrem Chef Ihre Idee zu verkaufen, fragt sich Ihr Chef nicht nur, ob und wie die Idee in seine Themen passt und ob er sie gut findet. Er fragt sich, wie er die Idee auch an seinen Chef, an sein Entscheidergremium, an seine Kunden „verkaufen" kann.

Ihre Idee muss auch dann Bestand haben, wenn Sie nicht anwesend sind und Ihre Idee zum Beispiel eine Hierarchieebene höher verkauft wird. Das funktioniert am besten mit einer guten, knackigen, leicht einprägsamen und gut erzählbaren Story und eben mit einer Folie oder einem Foliensatz, der Ihre Grundidee mit ganz wenig Strichen auf die Leinwand bringt, frei nach dem Motto „Wer schreibt, der bleibt."

In Zeiten, in denen die Aufmerksamkeitsspannen immer geringer werden und alle um die letzten Reste von Aufmerksamkeit kämpfen, wird uns immer weniger Zeit gewährt, unsere Botschaft anzubringen. Das Big Picture ist die beste Form dafür. So sind auch die Sozialen Medien, die den größten Erfolg haben, diejenigen, die mit Bildern arbeiten (Instagram, Snapchat, Pinterest, Youtube). Auch die Chat- und Twitterdienste haben sich deshalb längst für Bilder geöffnet. Keine der guten Zeitschriften verzichtet mehr auf – mittlerweile sehr aufwändige – Infografiken.

Und so sind es häufig einzelne Folien, die über das Schicksal von Projekten entscheiden.

Beispiel

Über viele Jahre hinweg habe ich als Chef der Führungskräfteentwicklung in meinem Konzern versucht, den Vorstand von bestimmten Notwendigkeiten zu überzeugen. Es ist mir nicht gelungen, meinen Chef zu lenken. Ich habe gepikst, drangsaliert und genervt, aber ohne Erfolg. Dann hat ein Praktikant für mich eine Folie ausgearbeitet, die eben nicht nur aus Zahlen oder aus Spiegelstrichsätzen bestand, sondern aus Ellipsen oder Bubbles. Die Folie hatte insgesamt sechs Bubbles. Eine zeigte, wie viele Führungskräfte schon ein Führungsseminar hatten, die zweite – und dieser Bubble war wesentlich größer – symbolisierte die Führungskräfte, die noch kein Seminar besucht

> *hatten. Die Folie wurde dann im Vorstand gezeigt. Obwohl die Folie eigentlich einem ganz anderen Zweck dienen sollte, passierte etwas, dass ich so schnell nicht vergessen werde. Der Vorstand sagte entrüstet „Wie? So viele Führungskräfte haben noch kein Führungsseminar genossen? Das kann ja wohl nicht wahr sein!"*
>
> *Kein halbes Jahr später hatte ich sechs weitere Mitarbeiter und ein großes Budget.*

Beispiele für Big Pictures außerhalb von Unternehmen sind Rankinglisten. Wo steht Deutschland innerhalb der Weltgemeinschaft? Die Parteisäulen vor und nach den Wahlen, das Spielen mit Symbolen und Fahnen von Ländern. Jeder erkennt auf Anhieb die Silhouette von Che Guevara. Die Ernährungspyramide, zwei oder drei Säulen im Vergleich nebeneinander, Kuchendiagramme.

Big Pictures zu gestalten ist leichter gesagt als getan. Ein Big Picture lässt sich nicht herleiten, auch wenn es am Ende, einmal gefunden, recht simpel scheint. Es lohnt sich aber, danach zu suchen. Oft erfordert es mehrere Entwürfe, um mit viel Kreativität zu gestalten. Es braucht auch etwas Glück, um auf das Big Picture zu stoßen, das die eigene Idee auf einer einzigen Folie rüberbringt. Wie auch in der Beispielgeschichte sind es häufig nicht die, die im Detail festhängen, sondern der Blick eines Außenstehenden, der die richtige Idee bringt.

C15 Die besten visuellen Plots

Um das richtige Bild zu finden, helfen uns eine Reihe von Grundmustern, die einen auf die richtige Spur führen können.

- Kreisdiagramme oder Bubbles, Ellipsen, die plastisch, bestimmte Größen ins Verhältnis zueinander stellen
- Säulen, die wachsen oder schrumpfen
- Säulen oder Grafen mit einer Zeitachse
- Säulen, die Input und Output gegenüberstellen. Wie viel Output kann man mit mehr Input generieren? Wie werden sich Kennzahlen trendmäßig verändern? Wie kann man dann darauf reagieren?
- Positionierungsgrafiken – häufig Vier-Felder-Grafiken, in denen Ist- und Soll-Zustand des eigenen Unternehmens im Vergleich zum Wettbewerb illustriert werden
- Grafiken, die die „zwingend negative Zukunft" zeigen. Wo werden wir in ein paar Monaten oder Jahren sein, wenn wir nichts tun? Welchen Winkel oder Knick brauchen wir, um höhere Ziele zu erreichen?
- Prozessdarstellungen – Welche Schritte gehören dazu, um ein Ziel zu erreichen? Welcher dieser Prozessschritte ist unterdurchschnittlich? Welcher bildet einen Engpass und stoppt den Prozess?

Der Versuch, in dieses Big Picture immer noch mehr Informationen zu bringen, bewirkt das Gegenteil. Die Botschaft wird abgeschwächt. Daher sollten Sie möglichst kein überflüssiges „Chichi" oder Zusatzinformationen einfügen, sondern lediglich die Kernbotschaft.

Das Internet bietet sehr viele Möglichkeiten, sich Anregungen zu holen und in einen kreativen Zustand zu kommen. Wir müssen aber auch die Wirksamkeit der Big Pictures der Folien testen. Der Gestalter der Bubbles aus der Beispielgeschichte hatte selbst die Bedeutung, Sprengkraft und Wirksamkeit der Folie gar nicht erkannt. Also, vielleicht haben Sie Ihr Big Picture längst, Sie wissen es nur nicht.

C16 Wie rede ich mit meinem Chef über Geld?

Klar gibt es das. Sie machen gute Arbeit und der Chef sagt: „Ich gebe Ihnen mehr Geld. Das haben Sie verdient." Wenn Sie so einen Chef haben, halten Sie ihn fest. Die Regel ist das sicher nicht.

Was können Sie also tun, um dieses Thema so auf die Tagesordnung Ihres Chefs zu setzen, ohne zu nerven. Das Thema Geld ist heikel. Der Chef muss überlegen, welche Nebenwirkungen die Erhöhung hat, ob das noch gerecht ist gegenüber anderen Mitarbeitern. Und er muss darüber nachdenken, wie er sich für Sie einsetzen kann.

> ***Beispiel eines Abteilungsleiters aus der Versicherungsbranche***
> *Ich habe bei dem Thema Geld schon alles Mögliche erlebt. Erpressung, Jammern auf der privaten Schiene, Versuche über Quervergleiche zu anderen Mitarbeitern, die doch weniger leisten oder nicht so lange dabei sind und darum um Gerechtigkeit zu bitten. Sicherlich auch viele, die nichts sagten, sondern still wie Dornröschen darauf gewartet haben, geküsst zu werden.*
>
> *Vor zwei Jahren hatte ich zur gleichen Zeit zwei Mitarbeiter zum Thema Gehaltserhöhung bei mir auf der Matte stehen. Jedoch mit zwei sehr unterschiedlichen Strategien. Herr W. sagte, dass das aktuelle Gehalt einfach nicht mehr reichen würde, er will ja bleiben, aber er würde tolle Angebote von Headhuntern bekommen, so dass es ihm immer schwerer fällt, zu ertragen, was er jetzt verdient. Natürlich hätte ich ihm am liebsten gesagt: „Dann geh*

doch." Aber er machte gute Arbeit und ich wollte ihn gerne behalten. Natürlich spielt man das alles durch und überlegt, ob es denn so schlimm wäre, wenn Herr W. gehen würde.

Zur gleichen Zeit war Herr S. bei mir. Er war noch nicht so lange dabei, aber auch er war ein guter Mitarbeiter, zwar in einer anderen Funktion und auf eine andere Art und Weise, aber auch ihn wollte ich halten. Herr S. hat das Thema anders angepackt. Er fragte mich, was er tun müsste, um eine überdurchschnittliche Gehaltserhöhung in diesem Jahr zu bekommen. Welche Argumente bräuchte ich, um das nach oben gut kommunizieren und rechtfertigen zu können. Nicht, dass ich von dieser Art begeistert war, denn ich musste nun überlegen, was ist es denn, was ihn dazu bringt, diese Gehaltserhöhung zu bekommen, aber es war zukunftsorientiert und ich hatte die Wahl und es traf genau die Punkte, die es mir leicht machten, es nach oben zu verkaufen.

Die Wahrscheinlichkeit, dass Ihr Chef freiwillig und ohne Anstoß Ihr Gehalt erhöht, ist eher gering. Wer den Mund nicht aufmacht, kann nicht damit rechnen, dass sich der Chef für mehr Geld einsetzt. Das Beispiel oben macht deutlich, wie es möglich ist, konstruktiv ohne Erpressung oder Drohung mehr Geld zu fordern.

D Die Don'ts in der Beziehung

Was mögen Chefs beim Geführtwerden gar nicht? Zum Cheffing gehört auch das Vermeiden der größten Fettnäpfchen und „Don'ts".

D1 Vermeiden Sie die Rückdelegation

Vielleicht eine der größten Unarten von Mitarbeitern ist das Zurückdelegieren von Aufgaben oder Teilen davon.

Rückdelegation durch Lieferung schlechter Arbeit

Eine der möglichen Unterformen der Rückdelegation ist, schlechte Arbeit abzuliefern. Der Chef erwartet fünf ausgearbeitete Folien und bekommt drei Bleistiftskizzen mit etwas vage formulierten Grundideen. Auch eine mögliche Form der Rückdelegation: „Gute Idee Chef, dafür brauche ich aber erst noch folgende Unterlagen von Ihnen."

> *Beispiel eines Vertriebsleiters*
> *Als Leiter des internationalen Vertriebs war ich verantwortlich für das Rollout und die Begleitung der Marketing-Kampagnen für eine neue Produktlinie. Weil sich die Vertriebler vor Ort über die unpassenden Kampagnen der Marketingabteilung beschwert hatten, wurde dieses Mal entschieden, dass sich die Regional-Vertriebler vor Ort eine Agentur suchen und in enger Zusammenarbeit mit dieser Agentur die Details der Kampagnen gestalten. Am Tag nach der Bekanntgabe erhielt ich folgende Mail*

von einem meiner Vertriebsmitarbeiter. „Gute Idee. Bitte schicken Sie mir doch ein detailliertes Briefing zu der Kampagne." Mir blieb regelrecht die Spucke weg, als ich das las, und ich war nachträglich froh, dass ich nicht sofort reagieren konnte.

Rückdelegation durch Nachfrage

Eine ebenfalls beliebte Form der Rückdelegation ist die Nachfrage.

Im Verlauf von Aufgaben und Projekten ergeben sich immer Punkte, die zum Zeitpunkt der Delegation noch nicht klar waren. „Ist es okay, wenn ich das so und so mache?" „Gehe ich mit diesem Vorschlag in die richtige Richtung?" Diese Nachfragen sind notwendig, um nicht am Ziel vorbei zu arbeiten.

Wenn die Nachfrage jedoch einen verdeckten Arbeitsauftrag an den Chef enthält, so kommt dies nicht gut an. „Dafür brauche ich aber ein genaueres schriftliches Briefing" „Wie genau soll ich das jetzt machen?" Die negativen Wirkungen potenzieren sich, wenn die Aufgabe zeitkritisch ist.

Beispiel eines Unternehmensberaters

Der Chef hat das Fertigstellen eines Angebots an einen Mitarbeiter delegiert. Das Angebot war beim Kunden zeitkritisch, darum seine Bitte, dass das Angebot schnell rausgeschickt werden soll mit dem Hinweis: „Lieber ein paar Fußfehler und dafür pünktlich als umgekehrt." Hinzu kam, dass er unterwegs war und erst einige Stunden später seine Mails abrufen konnte. Die Mail mit der Nach-

frage zu einer Kleinigkeit sah er zu spät. Das Angebot ging nicht pünktlich heraus.

Was später klar wurde, war, dass dieser Mitarbeiter jahrelang unter einem Chef gearbeitet hatte, der eben niemals Fußfehler zugunsten von Terminen zugelassen hat. Jede Gewohnheit braucht Zeit zum Umlernen.

Das Ärgerliche an dieser Art von Rückdelegation ist nicht die Nachfrage selbst, sondern dass dadurch ein „Showstopper" entsteht, der zum terminlichen Verzug führen kann.

Rückdelegation? Lassen Sie die Finger davon. Es drohen nachhaltige Imageschäden.

Kommt es zur Rückdelegation, so liegt im Grunde ein Fehler in den Kommunikations-, Informations- und Entscheidungsregeln vor. Letztlich eine Unschärfe bei der Delegation. Fragen Sie daher lieber so schnell wie möglich, was wichtiger ist: Termine oder Qualität?

D2 Vermeiden Sie den Pass ins Leere. Stellen Sie Anfragen, die es Ihrem Chef leicht machen

Es gibt Sätze, die wirken wie sumpfiger Boden, in dem Abläufe nur steckenbleiben können. „Wie kommen wir jetzt an neue Aufträge?" „Die Abteilung X hat die Informationen, die wir brauchen immer noch nicht geschickt." „Ich glaube, das Angebot kann so nicht rausgehen, da stimmt was nicht."

Chefs mögen Sätze nicht, die sie nicht beantworten können.

- „Mitarbeiter klagen über mangelnde Beteiligung."
- „Der Kunde X hat immer noch nicht überwiesen!"
- „Die Abteilung X beklagt sich über uns."

Geschickte Sätze können hingegen wie Anschieber oder Beschleuniger wirken. Dafür bedarf es guter Vorarbeit, eine Analyse, die die Frage beantwortet: Welches ist der allererste Schritt, der gegangen werden kann? Machen Sie aktiv einen Vorschlag, wie es weitergehen könnte. Spielen Sie Pässe, die leicht aufzunehmen und weiterzugeben sind. Gut spielbare Vorlagen und keine Informationsklumpen, die schwer zu verdauen sind und dann schwer im Magen liegen, sondern die Dinge ins Laufen bringen.

- „Können wir das Thema Beteiligung mit auf die Tagesordnung nehmen?"
- „Soll ich nochmal nachfragen, ob die Rechnung an irgendeinem Punkt harkt?"
- „Wer von uns hat den besten Draht zu der Abteilung X?"

Bevor Sie eine Anfrage oder eine Mail rausschicken, fragen Sie sich, ob sie es leicht macht, den nächsten Schritt zu tun und darauf zu antworten.

D3 Verzichten Sie auf Ratschläge. Auch Ratschläge sind Schläge

Natürlich haben wir als Mitarbeiter die Absicht zu zeigen, wie engagiert wir sind, wie gut wir mitdenken und wie kreativ und schlau wir sind.

Wenn Ihre Ideen und Vorschläge jedoch auf den Verantwortungsbereich des Chefs zielen, ist erhöhte Vorsicht geboten. Sie „wildern im Revier" Ihres Chefs. Der könnte die Ratschläge als verdeckten Vorwurf verstehen, dass er seinen Job nicht macht.

Wir können keinen Tee in eine volle Tasse gießen.

Kein Vorschlag ohne Auftrag.

Rat- und Vorschläge haben eine positive Absicht, können aber negative Wirkungen beim Chef erzeugen.

Beispiel eines Chefs in der Arbeitsvorbereitung
Wir hatten einen sehr jungen und sehr begabten Ingenieur, der dazu noch einen guten Blick für Engpässe und das Stocken in Prozessen hatte. So machte er allen anderen, aber auch mir regelmäßig und ständig Vorschläge, wie wir den Prozess an der ein oder anderen Stelle anders machen müssten. Ich habe damals nicht verstanden, warum ich mich in einer Zwickmühle befand. Eigentlich hatte er vollkommen recht und ich wollte ihn auf keinen Fall demotivieren. Und doch fühlte ich mich permanent ertappt und kam mir unfähig vor. Ich bin nicht stolz darauf, aber am Ende habe ich ihn weggelobt.

Wenn Ihr Chef auf Ihre Ratschläge gar nicht oder neutral reagiert, heißt das noch lange nicht, dass Ihnen damit Ihr Cheffing gelungen ist. Seien Sie skeptisch. Denn Chefs bekommen nicht nur zu wenig Feedback, sie geben es auch zu wenig.

Die Absichten des Chefs sind klar, er möchte das Engagement des Mitarbeiters nicht zerstören, er möchte nicht als beratungsresistent rüberkommen, er möchte nicht korrigieren, wenn es Sie demotivieren könnte. Sie schicken Ihren Chef damit in eine Zwickmühle.

Wenn Sie zeigen wollen, wie gut Sie sind und ein offenes Ohr bei Ihrem Chef bekommen wollen, nutzen Sie die goldene Frage: „Chef, wie gehen wir damit um? Wenn ich Dinge sehe, die nicht so laufen, wie sie laufen könnten, soll ich es dann bei Ihnen ansprechen?" Das wäre ein sogenannter Metarahmen für die generelle Vorgehensweise.

Holen Sie sich eine allgemeine Erlaubnis zum Verbessern. Holen Sie sich eine „Lizenz zum Meckern".

Wenn Sie etwas entdecken, das besser laufen könnte, holen Sie sich erst einen Auftrag. „Ich sehe dort in dem Prozess ein Effizienzpotenzial. Soll ich da bei Gelegenheit drüber schauen und einen Vorschlag machen, wie das abgekürzt werden könnte?" Dabei ist der Einschub „bei Gelegenheit" gar nicht so unwichtig. Lassen Sie Zeit vergehen. Vermeiden Sie Druck. Geben Sie dem Gehirn Ihres Chefs Zeit und Raum, das Problem in sein Bewusstsein rücken zu lassen. Wenn Sie ihn danach fragen, ob Sie sich dem widmen sollen, achten Sie auf seine Körpersprache, nicht auf das „Ja", das vielleicht aus seinem Mund kommt. Auch hier gilt: Priming ist alles (vgl. Kapitel C1 Psychologie des Überzeugens).

Wenn Sie den Auftrag nicht bekommen, dann lassen Sie am besten die Finger davon.

Holen Sie sich unbedingt einen Auftrag, ein Mandat, wenn Sie Ihren Chef bei Führungs- und Managementaufgaben lenken wollen.

D4 Vermeiden Sie Lösungen ohne Auftrag

Chefs lieben Mitarbeiter, die ihnen keine Probleme machen und stattdessen sogar noch Probleme vom Hals schaffen.

Sehr viele prächtige und grandiose Ideen scheitern schon im Ansatz, weil Mitarbeiter für etwas eine Lösung präsentieren, was der Chef bisher noch gar nicht als Problem sah. Die Absicht ist klar: Ich habe etwas gesehen, das nicht passt. Ich möchte zeigen, dass mir das aufgefallen ist und dass ich eine gute Idee habe, wie man das verändern kann. Und ich möchte meinem Chef nicht nur zeigen, dass ich lösungsorientiert bin, sondern auch direkt Lösungen parat habe. Ich bin selbst begeistert davon, setze mich viele Abende hin und durchdenke die Schritte und Teile der Lösung, bespreche das mit einzelnen Partnern im direkten Umfeld, die mir auch noch Tipps geben. Im Anschluss korrigiere ich das ein oder andere und passe meine Lösung an. Irgendwann stecke ich so tief drin, dass ich von meiner eigenen Idee vollends überzeugt bin. Schließlich bekomme ich sogar einen Termin beim Chef, bin aufgeregt und präsentiere direkt meine perfekte Lösung. Doch selbst, wenn ich die Story gut aufbaue, alles richtig mache, nach den Regeln der Chefüberzeugung handle, muss ich damit rechnen, dass mein Projekt pfeilgerade auf der Widerstandsmauer meines Chefs aufprallt.

Präsentieren Sie keine Lösungen, für die Ihr Chef kein Problem hat.

So positiv unsere Absicht als Mitarbeiter ist, so paradox diametral ist die Wirkung auf der anderen Seite. Mögliche Gedanken des Chefs: „Habe ich das beauftragt?" „Will er mir sagen, dass ich meinen Job nicht mache?" „Soll das heißen, dass er bessere Ideen hat als ich?" „Gute Idee, aber so richtig verstanden habe ich das nicht und nachfragen möchte ich jetzt auch nicht." „Wenn ich ihm Zeit für diese Idee gebe, fehlt Zeit für meine?"

D5 Verzichten Sie auf Rechtfertigen und Bagatellisieren

Manchmal ist unser Bestreben, als Mitarbeiter einen guten Eindruck zu hinterlassen, so stark, dass es uns zu unvernünftigem Handeln verführt. Ähnlich einem Reflex, der sich kaum kontrollieren lässt.

> *Beispiele*
>
> *Ein Kunde hat sich beim Chef über Sie beschwert – „Ja, er hat zwar Recht, aber der hat ja auch…"*
>
> *Eine Arbeit ist zu spät abgeliefert worden – „Da ist mir etwas dazwischen gekommen…ein Stau, ein anderer, der was wollte, eine andere Aufgabe hat länger gedauert."*
>
> *Es gibt kritische Stimmen im Nachgang zu einem Workshop – „Die haben ganz andere Fragen behandelt." „Ich hatte zu wenig Zeit zur Vorbereitung."*

Wir tendieren reflexartig dazu, Erklärungen zu liefern und deutlich zu machen, dass es nicht unsere Schuld ist. Zumindest nicht vollständig.

Der Chef ist daran nicht interessiert. Er will nicht wissen, wie das passiert ist. Er will nicht wissen, wer daran beteiligt war und wie und in welchem Umfang. Der Chef hat ein anderes Interesse. Er will, dass es nicht wieder passiert. Er will wissen, was wir tun wollen, damit sich das nicht wiederholt. Während der Chef wissen will, was wir in Zukunft anders machen wollen, zielen Rechtfertigungen auf die Vergangenheit und was andere getan haben.

Genau in diesem Punkt liegt das Drama der Rechtfertigungen. So steht einer positiven Absicht auf der Seite des Mitarbeiters eine negative Wirkung auf der Seite des Vorgesetzten gegenüber. Wenn ich sage, was andere falsch gemacht haben, sage ich im Subtext „Ich muss nichts verändern." Ich sage damit auch „Ich lerne nicht.", „Dein Feedback interessiert mich nicht." und „Nicht ich muss mich verändern, sondern die anderen müssen sich verändern."

Was lernt der Chef bei Rechtfertigungen über mich als Mitarbeiter? Er lernt, dass ich nicht offen bin für Feedback, dass ich nicht lerne und dass mich das, was der Chef sagt, nicht interessiert.

Nicht rechtfertigen. Sagen Sie, was Sie in Zukunft anders machen möchten.

„Bei dieser Art von Kunden werde ich in Zukunft...", „Beim nächsten Mal werde ich Einwände dieser Art viel früher...".

Was lernt der Chef in diesem Fall? Dass ich ihn ernst nehme, dass ich sein Feedback dankbar aufnehme, ich lerne dazu und ich möchte mein Verhalten ändern.

D6 Man meckert solange über den Job, bis man ihn nicht mehr hat

Ein Lenkungs- oder Beeinflussungsversuch, der nach hinten los geht, ist das Meckern, Jammern, Schimpfen. Unsere positive Absicht könnte sein, dass wir etwas Gutes damit bewirken wollen, wir wollen auf Missstände hinweisen. Die Absicht mag positiv sein, die Wirkung ist es nicht.

Der Subtext dieser Klagen bedeutet: „Chef mach was. Ich weiß zwar auch nicht was, aber mach was." Was aber ankommt, ist ein Vorwurf: „Du bist nicht gut als Chef. Du machst nicht genug." Das gilt leider auch, wenn wir den Chef gar nicht meinen, sondern Dritte. Aber alles, was so unscharf formuliert wird, lässt dem anderen die Möglichkeit, es erstens als negativ zu interpretieren und zweitens auf sich zu beziehen. Je häufiger wir das machen, desto häufiger wird jegliche Kommunikation mit dem Chef auf diesem Kanal interpretiert. Also auch dann, wenn wir etwas Positives oder Konstruktives wollten. Der Chef erwartet das, was er sonst zu hören bekommt, nämlich einen verdeckten Vorwurf, die Meckerei und das Jammern. Meckern zerstört Ihren Einfluss und jede Lenkungsmöglichkeit und sollte ersatzlos gestrichen werden. Sonst wird man beginnen, Sie zu meiden.

Stöhnen, Augenrollen und schlechte Laune ist ansteckend. Wandeln Sie den Grund für das Meckern und Schimpfen solange um, bis eine Idee für die Zukunft entsteht. Oder lassen Sie das Unveränderbare ruhen.

Beispiel eines Projektleiters

Wir hatten einen fachlich sehr guten Mitarbeiter in einem interdisziplinären Projekt, an dem drei Abteilungen aus unterschiedlichen Unternehmen beteiligt waren. Alle arbeiteten zum ersten Mal in dieser Konstellation und alle waren bemüht, das Beste daraus zu machen und gut mit den unvermeidbaren Reibungen umzugehen. Der Mitarbeiter beschwerte sich wiederholt bei verschiedenen Adressaten darüber, dass das Projekt besser organisiert werden müsste. Er machte allerdings selbst keine Vorschläge. Weil alle mehr oder weniger mitverantwortlich waren, fühlten sich auch alle mehr oder weniger angegriffen. Das Projekt ging nicht ganz glatt, aber doch erfolgreich über die Bühne. Beim nächsten Projekt in ähnlicher Konstellation wurde der an sich sehr gute Mitarbeiter nicht mehr angefordert.

D7 Verzichten Sie auf Jammern und Schimpfen

Sie begeben sich auf richtig dünnes Eis, wenn Sie über Dritte reden. Die Trennlinie zwischen Intimität bzw. Vertrauen und der Intrige ist fein. Ist das Reden über Dritte ein wohlwollender Hinweis oder ein intrigantes Schlechtmachen? Manche Chefs laden geradezu dazu ein und schaffen ein Klima des Denunzierens, was nicht selten als Tratsch und Klatsch verharmlost wird.

Wer als Chef mit Ihnen über Dritte redet, zeigt Ihnen anscheinend Vertrauen: „Sehen Sie, ich vertraue Ihnen meine Meinung über Ihren Kollegen an. Ich rede mit Ihnen über Dritte." Die Versuchung ist groß, das Gleiche zu tun (Reziprozität). Doch bedenken Sie, wer mit Ihnen über Dritte spricht, wird auch mit anderen über Sie reden.

Der Unterschied von gut und schlecht liegt in der Intention, der Absicht und der Richtung, in die das Reden über Dritte geht.

D8 Achten Sie auf Ihre Körpersprache. Vermeiden Sie nonverbale Fettnäpfchen

Nichts kann so schnell zu einem Karriere-Knick führen wie scheinbar kleine nonverbale Fehler.

Gestik, Mimik und Körpersprache haben vermutlich wegen ihrer evolutionären Ursprünglichkeit so eine hohe Wirkung auf andere. „We are always on stage" heißt es so schön und Menschen nehmen mehr wahr als wir glauben.

Beispiele für körpersprachliche Fehler

- *ein Angebot zu einem Handschlag übersehen*
- *die Hand geben, aber nicht gleichzeitig in die Augen schauen*
- *Ihr Chef sagt etwas und Sie verdrehen die Augen*
- *Ihr Chef sagt etwas und Sie werkeln an Ihrem Handy*
- *Sie sind in einer Runde und schauen nur eine einzige Person an. Alle anderen ignorieren Sie*
- *vor sich hin stöhnen, murmeln*
- *offensichtlich genervt sein*
- *wegwerfende Handbewegungen*
- *deutlich sichtbares Kopfschütteln*
- *raumgreifende Körpersprache, Spacetaking*
- *das als „Spreading" bezeichnete übermäßige Beinespreizen*
- *sich am Tisch übermäßig viel Platz nehmen*

Beispiel eines Personalberaters

Ich hatte ein Beratungsgespräch mit einem CEO. Er ging zum Fenster, schaute hinaus und begann sich fürchterlich darüber aufzuregen, dass einer der Fahrer den Wagen XY mal wieder völlig falsch auf dem Firmenparkplatz geparkt hätte und dass es so nicht ginge.

Weil die Ursache, das falsche Parken, nicht so recht zur Stärke der Reaktion passen wollte, fragte ich nach, ob es noch andere Gründe für seinen Unmut gäbe. Nach einigen Sekunden des Überlegens sagte er schließlich: „Sie haben Recht, es geht gar nicht um das Parken des Autos. Ich habe den Fahrer letzte Woche dabei erwischt, wie er in seiner Pause Zigarette rauchend sich offensichtlich rumfläzend und respektlos hängen ließ. Diese Haltung drückte so viel Lustlosigkeit und Demotivation aus, dass ich am liebsten dazwischen gegangen wäre."

Chefs geben sowieso viel zu selten Feedback. Aber noch seltener ist verbales Feedback über nonverbales Verhalten. Sicherlich mit ein Grund, warum nonverbale Fettnäpfchen so schnell zu einem Knick im Ansehen oder sogar zum Ende der Karriere führen können.

Schlusswort

Eine Welt, die sich derart schnell verändert, die viel komplexer und unvorhersagbarer geworden ist, erfordert viel mehr Führung als noch vor fünf oder zehn Jahren. Führungskräfte sind zunehmend überfordert und bräuchten gerade jetzt jede Unterstützung und Führung von unten, die sich bietet. Aber viele Führungskräfte sind verunsichert. Bin ich noch Chef, wenn ich um Hilfe bitte, meine Mitarbeiter um Rat frage, wenn ich mich von unten führen lasse? Darf ich auch Führungsaufgaben abgeben?

Vielleicht wartet Ihr Chef nur darauf, dass Sie ihn führen und entlasten. Dieses Buch soll Ihnen helfen, es Ihrem Chef immer leichter zu machen, sich von unten führen zu lassen.

Der Autor

Ulrich Grannemann ist Diplom-Kaufmann, Unternehmer, Arbeits- und Organisationspsychologe und Gründer des Führungsinstitutes Leadion sowie Leiter des Leadership Instituts der Boston Business School. Er führt Chefs seit 40 Jahren und lässt sich seit drei Jahrzehnten sehr gerne von Mitarbeitern führen.

Impressum
Verlag C. H.Beck im Internet: www.beck.de
ISBN Print: 978-3-406-75509-5
ISBN E-Book: 978-3-406-75510-1

Wilhelmstraße 9, 80801 München
Satz: abavo GmbH
Nebelhornstraße 8, 86807 Buchloe
Druck und Bindung: Beltz Bad Langensalza GmbH
Am Fliegerhorst 8, 99947 Bad Langensalza
Umschlaggestaltung: Ralph Zimmermann – Bureau Parapluie
Umschlagbild: Photo gallery – Les Frisons de la Chevalerie
(frisonschevalerie.com)

chbeck.de/nachhaltig

Gedruckt auf säurefreiem, alterungsbeständigem Papier
(hergestellt aus chlorfrei gebleichtem Zellstoff)